图2-18 制作卡通插画

图3-12 轻纱壁纸

图4-18　人物分身照

图4-19　素材图片

图4-39　修复照片

图5-28　特效文字

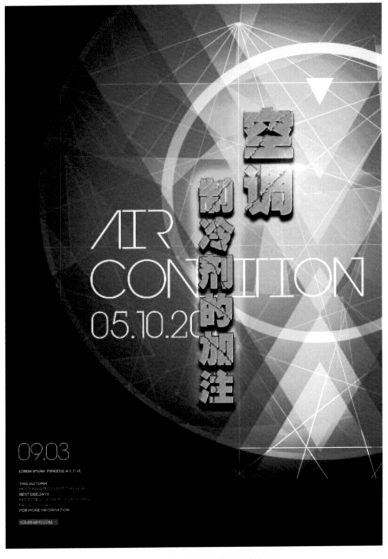

图5-61　空调制冷剂的加注海报

图6-15 精致的立体标牌设计

图6-27 包装盒设计

图7-19　APP标志绘制

图8-17　素材图片

图8-28　抠出飘逸的头发丝

图9-29　旅游广告

图9-32 手表广告

图10-1 巧克力包装平面效果

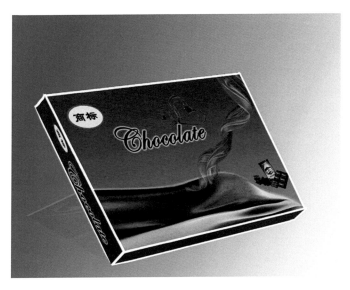

图10-2 巧克力包装立体效果

图10-23　月饼平面包装效果

图10-24　月饼外包装立体效果

图11-15　婚庆CD盘面设计

图11-39　国画名作鉴赏

图12-15　时尚型个人写真照片设计

图12-30　卡通型儿童写真照片设计

"十三五"职业教育国家规划教材

Photoshop CC 2017 图像处理入门与实战

主 编 徐 峰 邵 曼

副主编 周曦曦 王 磊

参 编 郑 鸳 朱君颜

姚人杰 马磊磊

机械工业出版社

本书通过案例式教学模式，介绍平面设计中常用的软件 Photoshop CC 2017 的使用方法。本书以培养职业能力为核心，充分体现"做中学、做中教"的职业教育教学特色，采用项目式教学，全书共 12 个项目，内容包括初识 Photoshop、选取和移动图像、绘制图像、图像的编辑与润饰、设计制作文字、制作 3D 效果、创建路径和矢量图形、使用通道和蒙版、广告设计、包装设计、封面和装帧设计、影楼后期制作。前 8 个项目为入门篇的内容，后 4 个项目为实战篇的内容。每个项目包括项目概述、职业能力目标、任务、评价与反馈模块，子任务采用"任务情境""任务分析""任务实施"和"知识加油站"的编写结构，突出对学生实际操作能力的培养。

本书适合作为各类职业院校数字媒体技术应用、平面设计及相关专业的教材，也可以作为 Photoshop 软件初学者的自学参考书。

本书配有电子课件、素材，选用本书作为教材的教师可以从机械工业出版社教育服务网（www.cmpedu.com）免费注册下载或联系编辑（010-88379194）咨询。

本书还配有二维码视频，读者可扫码观看，通过信息化教学手段将纸质教材与课程资源有机结合，成为资源丰富的"互联网＋"智慧教材。

图书在版编目（CIP）数据

Photoshop CC 2017图像处理入门与实战/徐峰，

邵曼主编. —北京：机械工业出版社，2018.9（2023.6重印）

职业教育"十三五"规划教材

ISBN 978-7-111-60306-1

Ⅰ．①P… Ⅱ．①徐… ②邵… Ⅲ．①图象处理软件—职业教育—教材

Ⅳ．①TP391.413

中国版本图书馆CIP数据核字（2018）第140102号

机械工业出版社（北京市百万庄大街22号　邮政编码100037）

策划编辑：李绍坤　　　　　　责任编辑：李绍坤　张丹丹

责任校对：王　欣　潘　蕊　　封面设计：鞠　杨

版式设计：鞠　杨　　　　　　责任印制：单爱军

北京虎彩文化传播有限公司印刷

2023 年 6 月第 1 版第 12 次印刷

184mm×260mm・15.25印张・6 插页・366千字

标准书号：ISBN 978-7-111-60306-1

定价：45.00元

电话服务　　　　　　　　　　网络服务

客服电话：010-88361066　　　机 工 官 网：www.cmpbook.com

　　　　　010-88379833　　　机 工 官 博：weibo.com/cmp1952

　　　　　010-68326294　　　金 书 网：www.golden-book.com

封底无防伪标均为盗版　　　机工教育服务网：www.cmpedu.com

关于"十三五"职业教育国家规划教材的出版说明◀

2019年10月，教育部职业教育与成人教育司颁布了《关于组织开展"十三五"职业教育国家规划教材建设工作的通知》（教职成司函〔2019〕94号），正式启动"十三五"职业教育国家规划教材遴选、建设工作。我社按照通知要求，积极认真组织相关申报工作，对照申报原则和条件，组织专门力量对教材的思想性、科学性、适宜性进行全面审核把关，遴选了一批突出职业教育特色、反映新技术发展、满足行业需求的教材进行申报。经单位申报、形式审查、专家评审、面向社会公示等严格程序，2020年12月教育部办公厅正式公布了"十三五"职业教育国家规划教材（以下简称"十三五"国规教材）书目，同时要求各教材编写单位、主编和出版单位要注重吸收产业升级和行业发展的新知识、新技术、新工艺、新方法，对入选的"十三五"国规教材内容进行每年动态更新完善，并不断丰富相应数字化教学资源，提供优质服务。

经过严格的遴选程序，机械工业出版社共有227种教材获评为"十三五"国规教材。按照教育部相关要求，机械工业出版社将坚持以习近平新时代中国特色社会主义思想为指导，积极贯彻党中央、国务院关于加强和改进新形势下大中小学教材建设的意见，严格落实《国家职业教育改革实施方案》《职业院校教材管理办法》的具体要求，秉承机械工业出版社传播工业技术、工匠技能、工业文化的使命担当，配备业务水平过硬的编审力量，加强与编写团队的沟通，持续加强"十三五"国规教材的建设工作，扎实推进习近平新时代中国特色社会主义思想进课程教材，全面落实立德树人根本任务。同时突显职业教育类型特征，遵循技术技能人才成长规律和学生身心发展规律，落实根据行业发展和教学需求及时对教材内容进行更新的要求；充分发挥信息技术的作用，不断丰富完善数字化教学资源，不断提升教材质量，确保优质教材进课堂；通过线上线下多种方式组织教师培训，为广大专业教师提供教材及教学资源的使用方法培训及交流平台。

教材建设需要各方面的共同努力，也欢迎相关使用院校的师生反馈教材使用意见和建议，我们将组织力量进行认真研究，在后续重印及再版时吸收改进，联系电话：010-88379375，联系邮箱：cmpgaozhi@sina.com。

机械工业出版社

前言
PREFACE

Photoshop是Adobe公司推出的图像处理软件，它具有强大的图像处理功能，可以为美术设计人员的作品添加艺术魅力，为摄影师提供颜色校正和润饰、瑕疵修复以及颜色浓度调整等，广泛应用于广告设计、数码照片处理、封面设计、产品外观设计等领域，在计算机平面设计中属佼佼者。

本书根据党的二十大报告所提出的"教育、科技、人才是全面建设社会主义现代化国家的基础性、战略性支撑"，立足于培养各行业设计人才，选择了涉及多个领域的实用案例对Photoshop进行讲解。

本书使用Photoshop CC 2017最新中文版，根据职业院校学生的学习特点，融合先进的教学理念，主要采用任务驱动、项目教学模式来组织教学内容，将工作中常用的理论知识、技能融合到项目的任务中，从而避免枯燥地讲解理论知识，注重对学生动手能力的培养。在内容上力求循序渐进、学以致用，通过任务让学生掌握理论知识，通过案例拓展去巩固知识，达到举一反三的目的，增强学生自主学习的能力。本书共由12个项目、25个任务组成，每个任务具体采用"任务情境""任务分析""任务实施"和"知识加油站"的结构，这种结构的特点是："任务情境"从生活、工作中提取任务，描述任务情景和完成的效果；"任务分析"分析解决任务的思路，分析任务的重点难点。"任务实施"图文并茂地讲解完成任务的具体操作方法和步骤。"知识加油站"详细描述任务涉及的知识和技能。同时，还通过"素养提升"模块注重对学生艺术观、科学思维方法和职业素养的培养，提升育人水平。

本书由徐峰和邵曼任主编，周曦曦和王磊任副主编，郑鸳、朱君颜、姚人杰和马磊磊参加编写。具体编写分工是：郑鸳负责项目1和项目10的编写，邵曼负责项目2的编写，王磊负责项目3的编写，徐峰负责项目4的编写，马磊磊负责项目5的编写，周曦曦负责项目6、项目8和项目12的编写，朱君颜负责项目7和项目11的编写，姚人杰负责项目9的编写。

各项目教学学时安排建议如下：

篇	项目	学时	
		讲授与上机	说明
入门篇	项目1 初识Photoshop	4	建议在技能教室、实训室组织教学，讲练结合
	项目2 选取和移动图像	8	
	项目3 绘制图像	6	
	项目4 图像的编辑与润饰	6	
	项目5 设计制作文字	4	
	项目6 制作3D效果	6	
	项目7 创建路径和矢量图形	8	
	项目8 使用通道和蒙版	6	
实战篇	项目9 广告设计	6	
	项目10 包装设计	6	
	项目11 封面和装帧设计	6	
	项目12 影楼后期制作	6	
合计		72	

由于编者水平有限，书中难免有疏漏和不妥之处，恳请广大读者批评指正。

编　者

二维码索引

（续）

（续）

目 录
CONTENTS◀

入门篇

项目1　初识Photoshop

 **>> 项目概述**

  Photoshop是功能强大的图形图像处理软件，集设计、图像处理和图像输出于一体，广泛应用于平面设计、网页设计、海报、图像后期处理、相片处理和手绘等领域。可以为美术设计人员的作品添加艺术魅力，为摄影师提供颜色校正和润饰、瑕疵修复以及颜色浓度调整等。

  从事平面广告、建筑及装饰装潢等行业的设计人员通过Photoshop中的绘图、通道、路径和滤镜等多种图像处理手段，可以设计高质量的平面作品。要熟练掌握Photoshop，首先应熟悉Photoshop的工作界面，了解有关图形图像处理的基础知识，熟练掌握相关操作。通过本项目的学习，同学们将初步了解Photoshop，为进一步学习打下基础。

职业能力目标

  1）了解Photoshop 的界面及各组成部分的作用。
  2）掌握图像处理的基础知识和基本概念。
  3）熟练掌握Photoshop的基本命令与操作。
  4）了解Photoshop CC 2017新功能。

任务1　认识Photoshop CC 2017

>> 任务情境

  Photoshop功能强大，易学易用，但要想熟练掌握该软件，要先对Photoshop有初步的了解和认识，本节任务将介绍其基本工作界面、各组成部分的作用以及Photoshop CC 2017的新功能，为以后的学习打下一个坚实的基础。

>> 任务分析

  与其他图形图像处理软件相比，Photoshop功能更丰富。

  本任务难度不大，但知识点及专业名词较多，需认识Photoshop CC 2017的工作界面，掌握启动、退出以及工作区中各组成部分的相关操作。

>> 任务实施

1. 认识Adobe Photoshop CC 2017

  Photoshop是由美国Adobe公司推出的一款跨平台的优秀图形图像处理软件，深受图像设计人员的欢迎，被广泛应用于广告业、影视娱乐业和建筑业等多个领域。

Adobe Photoshop是Adobe公司旗下最为出名的图像处理软件之一，集图像扫描、编辑修改、图像制作、广告创意、图像输入与输出于一体。

2016年11月2号，Adobe再次升级了产品线，命名为CC 2017。与以前的版本相比较，Photoshop CC 2017界面更友好、皮肤更完美、操作更快捷方便、功能也更强大。2017版中增强的功能包括文档新建更智能、支持程序内搜索、无缝衔接 Adobe XD、支持更多字体、增强了创意云的功能、具有更强大的抠图和液化功能等。

2. 启动Adobe Photoshop CC 2017

选择"开始"→"所有程序"→"Adobe Photoshop CC 2017"命令，出现图1-1所示启动界面。

图1-1 Photoshop CC 2017启动界面

说明：① 启动方法不止一种，若在桌面上创建有Photoshop CC的快捷方式，双击该快捷方式图标则可以快速启动Photoshop CC应用软件。

② 双击.PSD文件也能打开Photoshop CC。

3. Adobe Photoshop CC 2017工作界面

启动过程完成后，可以看到Photoshop CC 2017程序的基本工作界面，包括应用程序窗口和图像窗口两大部分，如图1-2所示。

图1-2 基本工作界面的两个组成部分

Photoshop CC 2017程序的工作界面又叫作工作区。Photoshop CC 2017工作区由菜单栏、工具选项栏、工具箱、控制面板组、选项卡式图像窗口和状态栏几个基本元素组成，如图1-3所示。

图1-3 Photoshop CC 2017窗口

说明：①在工作区中可以使用各种元素（如面板、工具箱以及窗口）创建和处理文档和文件，这些元素的任何组合、排列方式都称为工作区。

②可以从预设的几个工作区中进行选择，也可以创建自己的工作区来调整各组成元素的排列、显示方式，以适合自己的工作方式。

1）菜单栏。双击菜单栏左侧"控制按钮"可退出软件，单击则会显示任务菜单，通过任务菜单可以实现最小化、移动、改变大小、还原/最大化操作，如图1-4所示。

Photoshop CC 2017菜单栏中有11大类基础菜单，利用不同类菜单可以实现基础操作以及绘制图形、修改图像、渲染等复杂操作；右侧三个控制按钮███用于实现窗口的最小化、最大化/还原、关闭操作。

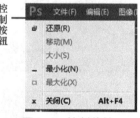

图1-4 控制菜单

说明：双击菜单栏空白处也能在最大化和还原状态间切换，单击任务栏上的任务按钮可在最小化和还原/最大化状态间切换。

2）工具箱。在制图过程中，工具不可或缺，使用频率最高，工具箱包含了Photoshop中所有工具。有些工具右下角带有三角形箭头标记，比如██，表示这是一个工具组，通过长按或右击可以选择组中需要的工具。

3）工具选项栏。工具选项栏由工具预置区和参数设置区组成。当用户选择一个工具后，

在"工具选项栏"中显示该工具的相关信息和参数。如单击"矩形选框工具"▣，工具选项栏如图1-5所示。用户可以对各参数进行设置，从而制作出不同的选区。

工具预置区　　　　　　　　　　　　　　　　参数设置区

图1-5　工具选项栏

4）控制面板组。控制面板组是Photoshop在进行图像处理时的主要部件。

在默认的"设计"工作区下显示三个面板组，即图层面板组、颜色面板组和样式面板组。每个面板组由几个面板组成，如图1-6所示。"图层"面板组由三个面板，即"图层""通道"和"路径"组成。面板组可以根据需要显示、隐藏、展开、折叠、拆分或组合，后面将单独进行说明。

图1-6　控制面板组

5）选项卡式图像窗口。单击"图像窗口"上方相应选项卡，可在各图像窗口间切换。指向选项卡处，按住不放进行拖动可以将窗口变成浮动模式，反之将其拖回选项卡位置处也能将浮动模式变为合并模式，如图1-7和图1-8所示。

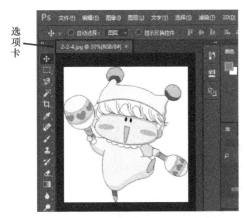

图1-7　图像窗口"合并模式"

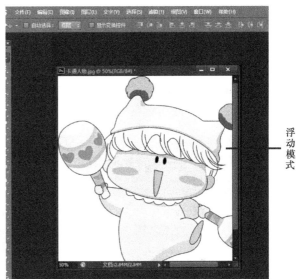

图1-8　图像窗口"浮动模式"

说明：图像窗口有其他的排列方式，选择"窗口"→"排列"命令进行修改。

6）状态栏。位于窗口底部，显示当前图像窗口的状态信息，包括窗口显示比例和文档大小等。在"显示比例"文本框处输入比例后按<Enter>键可以更改图像的显示比例，单击文档大小右侧的三角形按钮可以显示其他状态信息，如图1-9所示。

图1-9　状态栏

4．退出Photoshop CC 2017

单击应用程序窗口右上角的"关闭"按钮，或者选择"文件"→"退出"命令都可以退出Photoshop CC 2017应用程序。如果Photoshop是当前程序窗口，按<Alt+F4>组合键可以退出。

> 说明：单击图像窗口相应选项卡上的关闭按钮即可关闭改图像文件，其他图像文件仍可继续编辑。

5．工作区的使用

1）切换工作区。不同工作区模式下显示的组成元素及位置都有所不同，用户选择"窗口"→"工作区"命令中的相应选项切换到相应工作区，默认为"基本功能"工作区。

2）新建工作区。选择"窗口"→"工作区"→"新建工作区…"命令，弹出"新建工作区"对话框，可将当前自定义的工作区存储起来，以便今后使用，如图1-10所示。

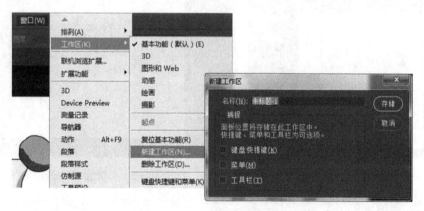

图1-10　新建工作区步骤

3）删除工作区。选择"窗口"→"工作区"→"删除工作区…"命令，弹出图1-11所示的对话框，选择需要删除的工作区，单击"删除"按钮。

图1-11 "删除工作区"对话框

4）重置工作区。选择"窗口"→"工作区"→"基本功能（默认）"命令，工作区将恢复到Photoshop CC 2017的默认工作区状态。如果对当前工作区进行了改变，则可以选择"窗口"→"工作区"→"复位…"命令进行复位。比如对当前基本功能工作区进行了改变，可以选择"窗口"→"工作区"→"复位基本功能"命令进行复位。

说明：按<Tab>键可以快速显示或隐藏工作区中的工具箱、工具选项栏和控制面板组。

6. 管理窗口

1）控制图像显示模式。图像显示模式有三种：标准屏幕模式、带有菜单栏的全屏模式、全屏模式，默认模式为标准屏幕模式。

其中"默认模式"的菜单栏位于顶部，滚动条位于侧面；"带有菜单栏的全屏模式"带有菜单栏和50%灰色背景，但没有标题栏和滚动条；"全屏模式"只有黑色背景的全屏窗口，没有标题栏、菜单栏和滚动条。

选择"视图"→"屏幕模式"→"标准屏幕模式"或"带有菜单栏的全屏模式"或"全屏模式"命令可以进行切换。

2）排列窗口和切换当前窗口。排列窗口：选择"窗口"→"排列"→"全部水平拼贴"命令可以改变排列方式为拼贴模式。窗口的排列方式有很多种，如图1-12所示。

图1-12 窗口的排列方式

切换当前窗口：单击相应图像窗口的选项卡进行切换。

说明：在窗口菜单最下方会列出所有正在编辑的图像文件，选择"窗口"命令单击需要切换成当前窗口的文件名也能进行切换。

3）改变窗口的位置和大小。

改变窗口位置：当窗口处于浮动状态时，鼠标指针指向图像窗口标题栏处，然后按住鼠标左键拖动到目标位置即可。

改变窗口大小：当窗口处于浮动状态时，鼠标指针指向图像窗口的边框或四个拐角处，按住鼠标左键不放拖动即可改变窗口的大小。

4）改变图像显示比例。选择工具箱中的缩放工具 ，单击画布区域进行放大，按住＜Alt＞键的同时单击画布区域可以缩小图像显示。

> 说明：在状态栏输入比例，或单击"视图"选择"放大"（＜Ctrl++＞）或"缩小"（＜Ctrl+-＞）或"按屏幕大小缩放"（＜Ctrl+0＞）或"实际像素"（＜Ctrl+1＞）或"打印尺寸"命令都可以根据实际需要改变图像的比例。

5）移动图像窗口工作区。运用"缩放工具" 放大图像，选取工具箱中的"抓手工具" ，将鼠标移到图像编辑区可移动图像，改变工作区域位置。

7. 控制面板组的使用

1）显示或隐藏控制面板组。选择"窗口"菜单中相应的面板项，如图1-13所示，有对勾的表示已显示。

图1-13 面板的显示与隐藏

> 说明：按＜Shift+Tab＞组合键可以快速显示或隐藏所有面板组。

2）展开与折叠控制面板组。单击面板组上的按钮 可以在"折叠面板"状态和"展开成图标"状态间切换，如图1-14所示。

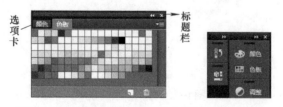

图1-14 面板组的展开（左）与折叠（右）状态

> 说明：在折叠状态下单击相应的按钮可以展开相应的面板。

3）改变控制面板组大小。指向面板边框或拐角处拖动鼠标可以改变面板的大小。

4）组合控制面板或控制面板组。组合控制面板组：将鼠标指针指向需要组合的其中一个面板的标题栏空白处，按住鼠标左键不放拖到需要组合的其他面板的标题栏空白处，释放鼠标左键即可将两个面板组合成一个面板组。比如可以把库面板组通过拖动的方式组合到颜色面板组中，如图1-15所示。

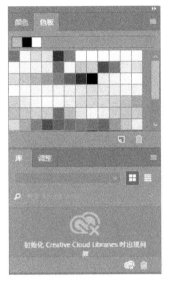
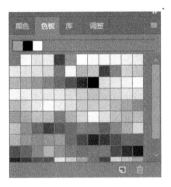

图1-15　组合面板组

组合控制面板：同样也可以将一个面板与其他面板组组合。只要指向面板的选项卡处，按住不放将其拖动到其他面板组选项卡处进行组合，比如，可以指向"字符"面板组上的"段落"面板标签处，拖至图层面板组标题栏处实现组合。

5）拆分控制面板。在使用过程中，根据需要可以将某一面板单独拆分出来。将鼠标指向需要拆分的面板标签处，按住不放拖动到面板组以外的位置即可，如图1-16所示。

图　　　　　　　　　　　　　　　　　　　　　　图
层　　　　　　　　　　　　　　　　　　　　　　层
面　　面
板　　　　　　　　　　　　　　　　　　　　　　板
拆　　　　　　　　　　　　　　　　　　　　　　拆
分　　　　　　　　　　　　　　　　　　　　　　分
前　　　　　　　　　　　　后

图1-16　拆分面板组

6）复位控制面板。默认面板的摆放位置为设计工作区模式，选择"窗口"→"工作区"→"复位基本功能"命令可以将面板组复位到默认工作区的原始状态。同样，如果在绘图工作区模式下编辑，要复位，则选择"窗口"→"工作区"→"复位绘图"命令，以此类推要复位到排版规则、摄影工作区模式可进行同样的操作。

8．使用标尺

标尺、网格和参考线在处理图像或制图过程中都起着辅助作用，主要用于定位图像、对齐和分割图像等。

1）标尺的作用。应用标尺可以确定图像窗口中图像的大小和位置。显示标尺后，不论放大或缩小图像，标尺上的测量数据始终以图像尺寸为准。标尺分为垂直标尺和水平标尺。

2）显示与隐藏标尺。选择"视图"菜单→"标尺"命令，出现对勾时显示，组合键为〈Ctrl+R〉。

3）改变度量单位。在标尺上右击，显示快捷菜单如图1-17所示，选择需要的度量单位，也可以直接在标尺上双击，弹出图1-18所示的对话框进行设置。

图1-17　修改度量单位

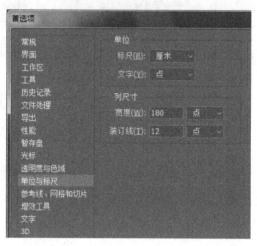

图1-18　"单位与标尺"选项卡

4）改变标尺原点的位置。将鼠标指针移至两标尺的交汇处，即标尺原点，按下鼠标不放拖动到适当位置处释放，可改变标尺原点的位置。

> 说明：在标尺交汇处双击可以快速恢复标尺的原点坐标。

9．使用参考线

1）参考线的作用。参考线是负载在整个图像上的直线，可以对其进行移动、删除或锁定操作，不会随图像一起被保存或打印。它的主要作用是精确分割图片，协助对象对齐和定位。

2）创建参考线。直接从标尺处拖出垂直、水平参考线。对于需要精确设置的选择"视图"→"新建参考线…"命令（或在标尺处右击选择"新建参考线…"命令），弹出图1-19所示的新建对话框，在15厘米位置处设置"垂直"参考线，单击"确定"按钮，如图1-20所示。

图1-19　"新建参考线"对话框

3）移动参考线。选择移动工具✛，指向参考线处，按住鼠标不放进行拖动。

4）删除参考线。将参考线拖回标尺处删除，或选择"视图"→"清除参考线"命令。

图1-20　设置参考线后的效果

5）锁定参考线。选择"视图"→"锁定参考线"命令，锁定参考线后不能用鼠标移动参考线，也不能隐藏。因此在制图过程中不会因为鼠标的误操作改变参考线位置。锁定组合键为〈Ctrl+Alt+；〉。

6）设置参考线。指向已设置的参考线处双击，弹出图1-21所示的对话框，可设置参考线的颜色和样式。

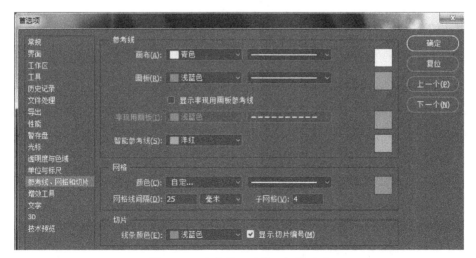

图1-21　参考线、网络和切片选项

7）显示和隐藏参考线。选择"视图"→"显示"→"参考线"命令，组合键为〈Ctrl+；〉。

"参考线"选项前出现对勾为显示，去除对勾为隐藏。

10．使用网格

1）网格的作用。网格由多条水平和垂直的线条组成，在绘制图像或对齐窗口中对象时，可以使用网格来进行辅助操作，与标尺一样网格不会被保存在图像中也不会被打印。

2）显示与隐藏网格。选择"视图"→"显示"→"网格"命令，组合键为〈Ctrl+'〉。"网格"选项前出现对勾为显示，去除对勾为隐藏。

11．工具箱的使用

工具箱在图像处理过程中使用频率最高，下面将简单介绍工具箱中各工具及其作用。

1）工具箱的组成、功能。工具箱的组成及功能如图1-22所示。

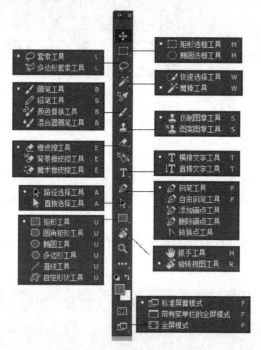

图1-22　工具箱的组成及功能

移动工具：用于移动被选中图层的整个画面或被选中的选区（若选区为空则不能移动）。

缩放工具：单击放大图像，按住〈Alt〉键的同时单击画布区域缩小图像。

前背景色设置工具：单击上方正方形设置前景色，单击下方正方形设置背景色。其中可以按〈Alt+Delete〉组合键快速填充当前图层或选区颜色为前景色，按〈Ctrl+Delete〉组合键可以快速填充当前图层或选区颜色为背景色。

> 说明：① 按〈Shift〉+工具上提示的组合键字母，可以快速切换工具。
> ② 长按工具组图标或右击图标会显示该工具组中的所有工具，根据需要单击选取。

2）工具箱的使用。Photoshop CC 2017中工具箱具有伸缩功能。通过单击伸缩按钮在双栏和单栏间进行切换，如图1-23所示。

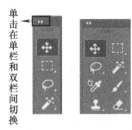

单击在单栏和双栏间切换

工具箱能够浮动。为了使用方便，工具箱可以悬浮在桌面上的任意位置，也可以停靠在程序窗口的左、右边框线内侧。通过指向图1-24所示虚线处拖动实现工具箱位置的改变。其中拖动工具箱至窗口左侧或右侧边框线处会出现吸附状态，释放鼠标,工具栏则停靠在相应一侧。

图1-23　工具箱的单、双栏模式

指向此处拖动改变工具箱位置

图1-24　改变工具箱位置的方法

12. Adobe Photoshop CC 2017新功能

1）文档新建更智能。新建文档的预设更为智能，展示方式变得更为直接，预设内容更全，更强大。新增照片、图稿海报、Web端、移动设备文档各种尺寸的预设。常见各种尺寸应有尽有，Photoshop CC版中涵盖了"照片""打印""图稿和插图""Web""移动设备""胶片和视频"这几类模板。值得一提的是在移动设备模块的预设中不仅仅有iPhone、iPad和Watch的尺寸预设，还增加了应用图标尺寸的预设，如图1-25所示。

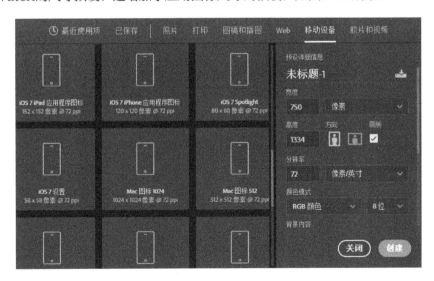

图1-25　"移动设备"预设选项卡

2）全面快速搜索。在Photoshop CC 2017界面右侧增加了搜索栏，如图1-26所示。

操作步骤：选择"编辑"→"搜索"命令或单击图1-26所示的检索按钮，也可以用组合键<Ctrl+F>；在搜索栏（图1-27）输入相关信息检索功能及内容。

图1-26　搜索栏　　　　　　　　　　　　　　　　　　图1-27　搜索界面

在2017版软件中搜索变得更为方便，除了搜索程序内工具、面板和菜单信息，如图1-28所示，还能搜索Stock素材，如图1-29所示，使工作更加高效快捷。

3）增加支持Emoji表情包在内的SVG字体样式。在文字的选择中增加了SVG的字体样式，SVG字体在一种字形中提供了多种颜色和渐变，支持多种矢量格式的表情、序号等元素。不仅能输入文字还能输入表情。利用元素序号输入，大大减少了设计的工作量。

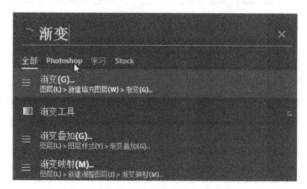

图1-28　程序内搜索功能

图1-29　搜索Stock素材

操作步骤如下：

选择"文字"工具；在"工具选项栏"的"字体"下拉列表框选择字体为"Emoji One"SVG字体，打开"字形"面板，如图1-30所示，双击"字形"面板中相应矢量图插入。

注：① 若不能显示"字形"面板，则选择"窗口"→"字形"命令调用。

② SVG图形为矢量图，不因缩放而变模糊。

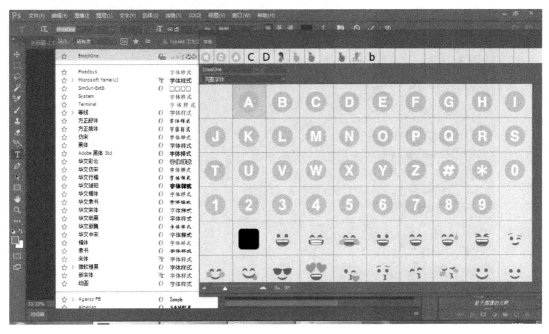

图1-30　字形面板

使用SVG字体可以通过一个或多个字形创建某些复合字形，例如，国家一般用两字母缩写组成，比如中国为CN，创建国家旗帜就可以用缩写字母组合而成，如图1-31所示。先双击"C"再双击"N"则组合出了中国国旗，反之，对组合好的图形按<BackSpace>键则分解组合为字符C。同理，同学们可以试着制作美国（US）等国的国旗。

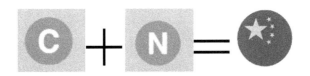

图1-31　组合复合字形

改变描述人物的默认肤色，如图1-32所示，方法同上。

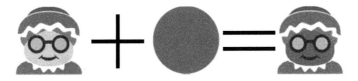

图1-32　改变人物肤色

4）Stock模板的下载。选择"文件"→"新建"命令获取免费的Adobe资源模板。在下方Stock文本框（图1-33）中检索素材。

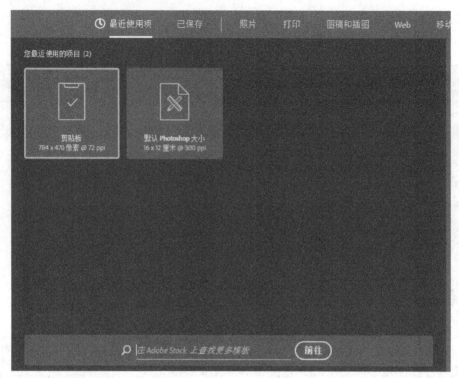

图1-33　在Stock中检索模板

5）更强大的抠图和液化功能。更高效的抽出抠图功能（抠取各种毛发）。"人脸识别液化"功能解决人脸液化大小眼问题，新版中可以实现双眼同时液化。

 **知识加油站**

Photoshop CC 2017的优化设置

1）自定义组合键。选择"编辑"→"键盘组合键"命令，在弹出的对话框中设置，通常情况下用户不需要进行修改。

2）预设Photoshop CC 2017。Photoshop CC的设置包括"常规"选项、"文件处理"方式、"性能""光标""透明度与色域""单位和标尺""参考线、网格和切片""增效工具"以及"文字"几方面的设置，其中单位和标尺、参考线和网格在前面已经介绍过，这里不再赘述，下面介绍其他几个常用的设置。

① 设置用户界面：选择"编辑"→"首选项"→"界面…"命令，在弹出的图1-34所示的对话框中进行设置。

② 设置常规选项：单击"首选项"对话框中的"常规"选项进行设置。

拾色器下拉列表框：用于设置颜色拾色器，有"Windows"和"Adobe"两个选项。

图像插值下拉列表框：用于设置插值方法。

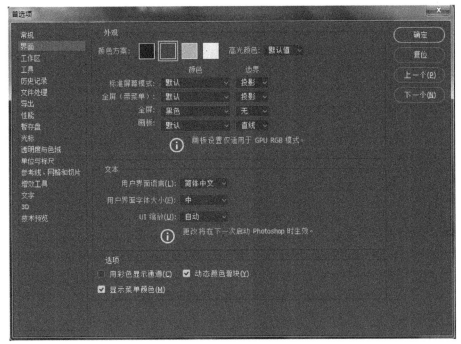

图1-34　界面选项卡

历史记录状态文本框：在该文本框中可以设置历史记录的最大条数。

选项栏：用于设置与软件相关的各个事项，用户可根据自身情况选中相应的复选框。

③ 设置文件处理方式：单击"首选项"对话框中的"文件处理"选项进行设置。

图像预览下拉列表框：用于设置是否保存图像预览缩略图。

文件扩展名下拉列表框：用于设置文件扩展名的大小写。

文件兼容性栏：该栏用于决定是否让文件最大限度向后兼容。

近期文件列表包含文本框：用于设置在"文件"→"最近打开的文件"子菜单中列出的最近打开的文件个数。

④ 设置光标：单击"首选项"对话框中的"光标"选项进行设置。

绘画光标栏：该栏用于设置在绘画时鼠标指针的形状。

其他光标栏：该栏用于设置其他工作模式下的鼠标形状。

⑤ 设置内存和暂存盘：单击"首选项"对话框中的"性能"选项进行设置。

在处理图像时非常占用内存资源，如果图像文件过大，则会出现内存不足而使图像不能打开或程序停止响应等情况。如果在运行Photoshop的同时不会运行其他较大的程序，则可以将内存使用设置中Photoshop占用的最大数量提到70%~90%，注意不要提高到100%，因为需要为其他程序保留一些空间。

暂存盘是Photoshop软件系统在硬盘上开辟的一些空间，用于存放临时文件。默认为操作系统安装的硬盘分区C盘。通常操作系统启动后会大量占用空间，如果再运行Photoshop，则空间会明显不足，当达到一定程度后，Photoshop会提示内存不足，并且无法完成一些比较复杂的操作。最好的设置是将第一暂存盘设置到其他硬盘剩余空间较大的硬盘分区，还可以设置第二、第三及第四暂存盘。这样如果一个暂存盘满了，那么系统会自动跳转到其他硬盘分区存储临时文件。

> 说明：在"暂存盘"栏中将系统中硬盘空间可用区域最大的硬盘分区作为第一暂存盘，但最好不要将系统盘作为暂存盘，然后可设置第二、第三和第四暂存盘。

任务2　Photoshop基本命令与操作

≫ 任务情境

下面将开始制作自己的第一个图像文件"小树.JPG"，学习图像文件的基本操作。

≫ 任务分析

首先需要在启动Photoshop CC 2017的基础上新建一个文件，进行一些简单的编辑操作（如更改图像大小、修改颜色等）后，将图像分别保存成PSD和JPG格式。制作完后关闭文件，如果要再次处理则需打开文件，其中PSD格式保留了图层信息较为适合修改，JPG格式的所有图层已经合并。

≫ 任务实施

1. 创建图像文件

选择"文件"→"新建"，或按<Ctrl+N>组合键，弹出图1-35所示的"新建"对话框。在对话框右侧输入文档名称为"小树"，设置宽度和高度分别为10厘米、8厘米，分辨率为100像素/英寸，背景内容为"白色"。

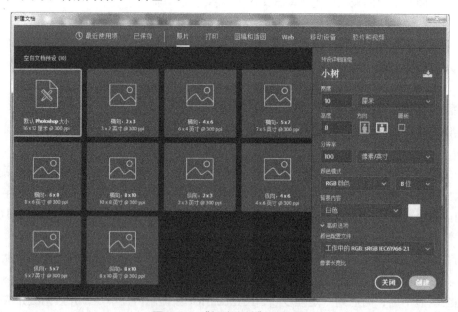

图1-35　"新建文档"对话框

1）尺寸。通过"高度"和"宽度"文本框自定义文件大小，若要用其他度量单位则可以在"度量单位"下拉列表框中选择。

2）分辨率。分辨率越高图像越清晰，运行速度越慢，容量越大。做包装印刷一般要求达到300dpi，写真要求达到100dpi，喷绘要求达到72dpi。

3）"背景内容"下拉列表框用于设置背景颜色，有白色、透明和背景色三种。当选择"背景色"时创建的文档颜色与工具箱中设置的背景色一致。

4）"颜色模式"下拉列表框用于设置图像的颜色模式，有RGB颜色、位图、灰度、CMYK颜色和Lab颜色几种，在后侧下拉列表中选择颜色数，颜色数多，颜色越丰富。

2. 图像的颜色模式

在Photoshop中，颜色模式决定了用来显示和打印的文档颜色模型。除了能确定图像中显示的颜色数之外，颜色模式还影响图像的通道数和文件大小，如RGB有三通道，CMYK有四通道。Photoshop CC中颜色模式有8种，如图1-36所示。常用的颜色模式包括RGB（红、绿、蓝）、CMYK（青、洋红、黄、黑）、索引模式、灰度模式。设置颜色模式的方法：通过"图像"→"模式"→"…"选项来实现，如图1-36所示。

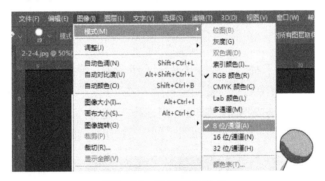

图1-36 设置颜色模式

说明：图1-36所示的"8位/通道"，指每通道颜色用8位表示，所以每通道有2^8即256种不同亮度变化；Photoshop CC中默认为8位通道，用户可以自行在图1-36所示菜单中设置。

3. 保存图像文件

选择"文件"→"存储…"命令，弹出"存储为"对话框，如图1-37所示。在其中选择存储位置后选择图像格式为PSD，单击"保存"按钮或按<Enter>键确定，保存文件为"小树.PSD"。

再选择"文件"→"存储为…"命令，弹出"存储为"对话框，在其中选择存储位置后选择"保存类型"为JPG，单击"保存"按钮或按<Enter>键确定，保存文件为"小树.JPG"，另存一份。

在"存储为"对话框中可以选择要保存成的文件格式，格式有多种，如图1-37所示。

图1-37 "文件类型"列表

其中保留图层的文件格式有PSD格式与TIFF格式。但在对TIFF格式进行保存时，要勾选"图层"与"Alpha通道"复选框，在保存图像的同时也保存图层与通道，这样才能真正达到无损压缩图像存储。

> 说明：① 用Photoshop保存文件时，主要需要注意的问题就是图像的格式，系统默认格式为PSD，PSD格式除保存图像信息外，还保存图层、参考线等信息。
>
> ② 对文件存储后，如进行了编辑操作，只需选择"文件"→"存储…"命令或按 <Ctrl+S>组合键即可再次保存，覆盖原文件。如要将其保存为其他格式或要保存到其他位置，则需选择"文件"→"存储为…"命令，打开"存储为"对话框进行设置。

4. 关闭图像文件

选择"文件"→"关闭"命令，或按<Ctrl+W>组合键可以关闭当前编辑的图像文件，也可以单击图像文件选项卡上的关闭按钮■关闭。

> 说明：关闭图像文件与退出Photoshop应用程序的关系：关闭一个图像文件不影响其他文件的编辑，退出Photoshop应用程序时所有打开的文件将被关闭，被编辑过的文件会弹出提示框询问是否保存。

5. 打开图像文件

选择"文件"→"打开"命令，或按<Ctrl+O>组合键，弹出"打开"对话框。在其中选择"项目1/任务2"素材文件夹中的"小树.PSD"，单击"打开"按钮即可打开。若要打开连续或不连续的多个文件，则可分别按<Shift>键或<Ctrl>键进行选择，如图1-38所示。按住<Ctrl>键的同时依次单击素材文件夹中的三个文件，单击"打开"按钮则同时打开了三个文件。

图1-38 "打开"对话框

> 说明：①"小树.PSD"文件的中间制作过程在这里先不进行讲解，通过后面阶段的学习，同学们可以自行完成，后面针对的编辑操作在打开的素材文件"小树.PSD"中进行。
>
> ② 若是.PSD文件，双击可以启动Photoshop软件。
>
> ③ 若要打开近期处理过的图像文件，选择"文件"→"最近打开文件"命令，选择要打开的文件名即可。

6. 置入图像文件

通过"置入"图像命令，可以将不同格式的文件导入到当前正在编辑的文件中，并转换为智能对象图层。对于此类图层，Photoshop中的部分功能不可用。

1）选择"文件"→"置入嵌入对象"命令，弹出图1-39所示的对话框，选择素材中的"苹果.GIF"，单击"置入"按钮，通过拖动八个控制点可以改变置入图像的大小，按<Enter>键确认置入。

图1-39　置入对话框

> 说明：在置入前，先通过单击图层面板中相应图层的方法选择"小树.PSD"的最上层，否则置入的图像有可能被遮盖而造成无法显示。

2）使用同样的方法多置入几个苹果图像，调整大小、位置，效果如图1-40所示，也可以用按<Ctrl+J>组合键的方法多复制几个苹果图层，然后调整每个苹果图层的大小和位置，实现同样的效果。

图1-40　置入多个苹果图像

7. 编辑图像文件

1）裁切图像。选取工具箱中的"裁切工具" ，将鼠标指针移动到图像窗口处，在图像编辑窗口中确定需要裁切的起始位置，按下鼠标左键拖动，到适合位置释放鼠标，如图1-41所示，按<Enter>键后确认剪裁。

图1-41 裁剪图像

说明：① 指向四个拐角的控制点处，按住不放能以中心控制点为圆心旋转画布，由于旋转时能看到旋转的角度，因此可以实现精确调整，旋转后仍能通过拖动改变画布大小，最后进行剪裁。

② 指向八个控制点进行左右、上下拖动可以改变剪裁范围的大小；当指向四个拐角的控制点时出现箭头↖或↗时，按住<Shift>键可以等比例改变剪裁范围；按住Alt键能以中心控制点为中心改变剪裁范围。

③ 指向剪裁区域内，按住鼠标不放进行拖动可以移动剪裁区域的位置。

2）调整画布尺寸。画布是指实际打印的工作区域，改变画布大小会直接影响最终的输出结果。选择"图像"→"画布大小…"命令，或按<Ctrl+Alt+C>组合键，弹出"画布大小"对话框，通过对话框中的设置可以按指定的方向增大或减小画布尺寸，增大时多出部分以背景色填充，减小时超出范围的边缘被剪裁。设置宽度为6厘米，高度为4厘米，并单击"定位"区域中第一列的第二个按钮，如图1-42所示。结果保留左侧中间位置的6厘米×4厘米图像，效果如图1-43所示。

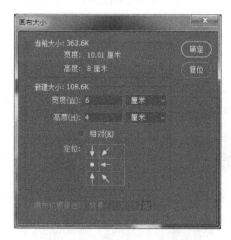

图1-42 "画布大小"对话框

图1-43 更改画布大小前后

3）更改图像大小与分辨率。更改图像大小不会造成图像被剪裁，但是可能会造成图像失真。选择"图像"→"图像大小…"命令，或按<Ctrl+Alt+I>组合键，弹出"图像大小"对话框，如图1-44所示，输入"宽度"和"高度"值分别为600和400。

图1-44 "图像大小"对话框

4）旋转和翻转画布。使用旋转画布命令可以旋转或翻转整个图像，但不适用于单个图层、选区及路径。选择"图像"→"图像旋转"→"垂直翻转画布"命令，如图1-45所示，可以实现旋转和翻转。

图1-45 旋转画布方法

5）前景色与背景色设置。Photoshop中设置颜色的方法有很多，设置后的颜色均会在工具箱中的前景色或者背景色中显示。工具箱的下方有两个交叠在一起的正方形按钮，上方的是前景色，下方的是背景色。

在之前制作的基础上，单击"前景色"按钮，弹出"拾色器"对话框，如图1-46所示，选择蓝色后按<Enter>键确定。

图1-46 "拾色器"对话框

单击图层面板中的"背景"层将图层选中，在工具箱中选择"油漆桶"工具，单击画布区域进行填充，则填充"背景"层为前景色蓝色，如图1-47所示。

单击"背景色"按钮，在弹出的"拾色器"对话框选择黄色。单击图层面板中的"背景"层将其选中，按<Ctrl+Backspace>组合键，以背景色填充当前图层，效果如图1-48所示。

图1-47 填充前景色

图1-48 填充背景色

说明：按<Alt+Backspace>组合键，可以快速以前景填充当前图层或选区；按<Ctrl+Backspace>组合键，可以快速以背景填充当前图层或选区。

6）撤销与恢复操作。使用菜单命令撤销：选择"编辑"→"后退一步"命令可以撤消前一步操作，如果要撤消多步则多使用几次。

使用面板撤消：选择"窗口"→"历史记录"命令打开"历史记录"面板，如图1-49所示。通过"历史记录"面板可以撤消前一步或多步操作。通过单击面板中需要撤消到的步骤即可直接撤消到相应步骤。

图1-49 "历史记录"面板

说明：撤消前一步操作可以使用<Ctrl+Z>组合键，需要撤消多步按<Ctrl+Alt+Z>组合键。

使用菜单命令恢复：选择"编辑"→"前进一步"命令可以恢复前一步操作，如果要恢复多步则多使用几次。

使用面板恢复：选择"窗口"→"历史记录"命令打开"历史记录"面板，如图1-49所示，通过单击需要恢复到的步骤即可。

说明：① 需要恢复多步时可以按<Ctrl+Alt+2>组合键。
② 系统默认的前进或后退操作的次数为20步，若执行20次操作，则系统将不会再对图像进行任何操作。

 **知识加油站**

1. Photoshop中的基本概念

（1）像素与分辨率

1）像素。像素是组成图像的最基本单元，每个像素是一个很小的方形颜色块。每个像素只显示一种颜色，一幅图像由很多像素构成，因此可以形成颜色丰富的图像。

2）分辨率。分辨率是图像的重要属性，用来衡量图像的细节表现力和技术参数。分辨率可分为图像分辨率、显示器分辨率、扫描仪分辨率和打印机分辨率等。图像分辨率指图像每英寸包含的像素数，单位为DPI（像素/英寸）。单位面积包含的像素越多，分辨率越高，显示越清晰，文件所占的空间也就越大，处理速度变慢。反之，图像就越模糊，所占的空间也越小。用于显示的图像，分辨率一般用72DPI。

（2）位图与矢量图

1）位图。又称为点阵图，由许多像素点组成，每个像素都具有特定的位置和颜色信息，当不同的像素点按一定规律组合在一起便称为一幅完整的图像，像素的多少决定了位图图像的显示质量和文件大小。位图图像最显著的特征是可以表现颜色的细腻层次。基于这一特征，位图图像被广泛用于照片处理和数字绘画等领域。由于位图图像包含的像素数目一定，选择"缩放工具" 🔍 对位图图像进行缩放时，图像的清晰度会受影响，当图像放大到一定程度时，就会出现锯齿化边缘，如图1-50所示。

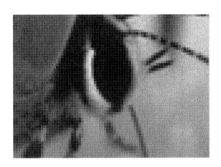

图1-50　放大前后

2）矢量图。也称向量式图形，用数学的矢量方式来记录图像内容，一般用于工程技术绘图，由CorelDRAW、Illustrator等绘图软件绘制而成。矢量文件中的图形元素称为对象，每个对象都是自成一体的实体，以线条和色块为主，这类对象光滑、流畅，可以无限放大、缩小，清晰度与分辨率无关，因此放大后不会失真，但不宜制作色调丰富或色彩变化太大的绚丽图像。

（3）通道

通道指色彩的范围，一般情况下，一种基本颜色为一个通道。在通道面板中可以进行查看，如图1-51所示。比如在后面将要学习的图像模式中，RGB颜色模式里包括R、G、B三个通道，分别代表红色、绿色、蓝色，不同通道的颜色相叠加将产生新的颜色。

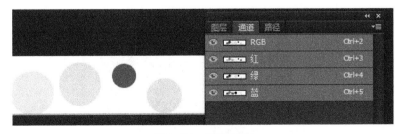

图1-51　通道面板

（4）图层

在制作一个完整图像时，通常要使用多个图层，每个图层都是一个独立部分，就像一张张透明的纸,叠放在一起就是完整的图像。制作图像时可将不同部分放在不同的图层中单独处理,因此互相间可以互不影响。图层上没有图像的位置,可以向下看到下面图层上的图像。通过更改图层的顺序和属性,图像的合成效果也不同,如图1-52所示,"光芒"层在上。图1-53中"光芒"层在下,在两种不同叠放顺序下产生的效果也不同。

图1-52 "光芒"层在上

图1-53 调整图层位置至下方

说明:默认图像窗口画布色为黑色,在画布区域右击,选择"选择自定颜色…"命令可定义为其他颜色。

（5）选区

选区用于确定操作的有效区域,使得每项操作具有针对性,如图1-54所示,虚线围绕起来部分是雪梨的选区。

图1-54 选区

2. 八种颜色模式

（1）RGB模式　新建的Photoshop图像默认颜色模式为RGB，它是图形图像设计软件中最常用的颜色模式，也是显示器使用的颜色模式。因此在使用非RGB颜色模式时，Photoshop会将其转换为RGB模式，以便在屏幕上显示。RGB代表了光学三基色"红""绿""蓝"，是三通道模式，如图1-55所示。当三基色以不同比例和亮度重叠后将产生其他颜色。

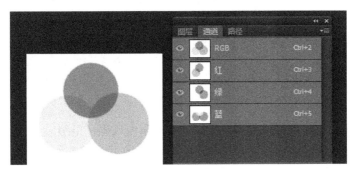

图1-55　三通道模式

> 说明：RGB模式下所有滤镜都能用，该模式对各种图像处理软件的兼容性高，但印刷输出时偏色情况较重。

（2）CMYK模式　CMYK模式是一种颜料模式，所以它属于印刷模式，由C（青色）、M（洋红）、Y（黄色）、K（黑色）合成，是打印输出及印刷上主要使用的模式。但本质上与RGB模式没有区别，只是产生颜色的方式不同，RGB为相加混色模式，CMYK为相减混色模式。该模式图像为四通道模式，如图1-56所示。

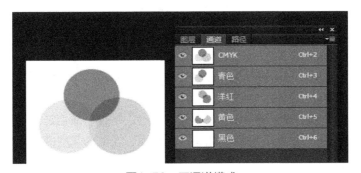

图1-56　四通道模式

> 说明：图像使用RGB模式含3通道，共有24（3×8）位／像素。使用CMYK模式含4通道，共有32（4×8）位／像素，因此用RGB模式存储的图像比CMYK图像小，可节省内存和存储空间。

（3）索引颜色　在8位/通道图像中，索引颜色模式只能生成最多2^8即256种颜色。当转换为索引颜色后，Photoshop将构建一个颜色查找表，用以存放索引图像中的颜色。如果原图像中的某种颜色没有出现在该表中，则程序将选取最接近的一种。由于该模式颜色少，在转换过程中可能会出现失真的情况，如图1-57所示，左图为原图（RGB模式），右图为转化成的索引模式，在右图左上角出现了失真。

图1-57 索引模式

说明：索引颜色要求的磁盘空间比较小，但只能应用有限的编辑，比如滤镜功能在当前模式不能使用。要进一步进行编辑，应临时转换为RGB等其他模式。尽管索引颜色模式颜色有限，但它能保证最基本的视觉效果并减小文件大小，所以也有它的使用价值。在该模式下可以存储为 BMP、GIF、TIFF等有限的图像文件格式。

（4）灰度模式　灰度模式将彩色图像转变成黑白效果，是图像处理中被广泛运用的模式，在8位/通道图像中，最多有2^8即256级灰度。当彩色模式转变为灰度模式时，所有颜色信息被删除。如图1-58所示，左侧为RGB模式，右侧为灰度模式。

图1-58 灰度模式

（5）Lab模式　Lab模式基于人对颜色的感觉将色彩分解为亮度L和两个色调a（从绿色到红色）、b（从蓝色到黄色）。它描述的是颜色的显示方式，而不是设备生成颜色所需的特定颜色的数量，所以Lab被视为与设备无关的颜色模型。该模式也包含三通道，共24（3×8）位/像素。

（6）位图模式　位图模式使用"黑色"或"白色"的两种颜色之一表示图像中的像素。这种模式只有黑白之分，没有过渡色，如图1-59所示，左侧为灰度模式，右侧为位图模式，该类图像占内存更少。

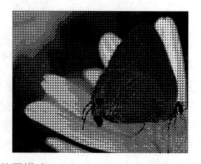

图1-59 位图模式

> 说明：当彩色图像模式要转化为位图模式时，需先转化为灰度模式后才能转化为位图模式。

（7）双色调模式　双色调模式通过1～4种自定油墨创建单色调、双色调（两种颜色）、三色调（三种颜色）和四色调（四种颜色）的灰度图像。选择"图像"→"模式"→"双色调…"命令，在弹出的对话框中进行设置。

> 说明：当彩色图像模式要转化为双色调模式时，需先转化为灰度模式后才能转化为双色调模式。

（8）多通道模式　多通道模式下图像在每个通道中包含256个色阶，主要用于特殊打印。

3. 图像的格式

图像文件的格式是指计算机中表示、存储图像信息的格式。不同场合下，选择合适格式非常重要，例如，在彩色印刷领域，图像的文件格式要求为TIFF格式，而GIF和JPEG格式广泛应用于网络中。Photoshop CC中支持20多种文件格式，下面介绍几种常用的文件格式。

（1）PSD/PSB文件格式　PSD格式是Photoshop软件的默认格式，也是唯一支持所有图像模式的文件格式，可以保存图像的图层、通道、辅助线和路径等信息。

PSB格式属于大型文件，除了具有PSD格式的所有属性外，最大的特点是支持宽度和高度最大为30万像素的文件。但PSB格式也有缺点，第一，存储的图像文件特别大，占用磁盘空间较多；第二，在很多图形图像处理软件中没有得到很好的支持，通用性不强；第三，PSB格式只能在CS以上的版本中才能打开。

（2）JPEG文件格式　JPEG格式是一种有损压缩的保存方式。将文件保存为该格式时，将会对图像文件的容量进行缩小，压缩中会出现失真，不宜在印刷、出版等高要求的场合应用。其最大的特点是文件容量比较小，在注重文件大小的领域应用广泛，主要用于图像预览和网络。

（3）GIF文件格式　图形交换格式（GIF）是一种非常通用的图像格式，将图像保存为此格式时，可以将图像的指定区域设置为透明状态，而且可以赋予图像动画效果。非常适合网络上的图片传输。

（4）BMP文件格式　BMP格式是DOS和Windows兼容的计算机标准图像格式，所有图形图像处理软件都支持这种格式，BMP格式的特点是包含的图像信息较为丰富，采用无损压缩，几乎不对图像进行压缩，对图像质量不会产生影响，但占磁盘空间较大。

（5）PNG文件格式　便携网络图形（PNG）格式是一种无损失的压缩方式，主要用于在网络上显示图像，但是有些浏览器不支持PNG图像。

（6）TIFF文件格式　TIFF格式是一种通用的无损压缩保存方式，一般用于设计作品的输出。能够保存通道、图层和路径信息。但用其他软件打开这种格式的文件时，所有图层将合并，只有用Photoshop打开时才可以修改各个图层。

（7）PDF文件格式　便携文档格式（PDF）是一种灵活、跨平台和跨应用软件的文件格式，使用PDF格式能精确地显示并保留字体、页面版式以及向量和位图图形。具有电子文档搜索和导航功能，是无纸化办公的首选文件格式。

C ≫ 技能考核评价表

考核时间	考核项目	分值	自我评价	小组评价	教师评价	企业评价
45min	启动、退出、打开、新建、保存操作	15				
	工作区的选用、切换、新建与删除	10				
	窗口模式选用	10				
	控制面板的使用	10				
	标尺、参考线、网格的使用	10				
	置入图像	20				
	编辑图像	25				
	合计	100				

C ≫ 项目拓展

填空题

1）选择"文件"菜单中的"_____"命令都可以退出Photoshop CC应用程序。

2）Photoshop中图像显示模式有三种：_____、_____、_____，默认模式为_____。

3）选择"图像"菜单→"_____"→"CMYK颜色"命令，可以将当前颜色模式改为CMYK颜色模式。

4）_____格式是DOS和Windows兼容的计算机标准图像格式，所有图形图像处理软件都支持这种格式。

5）画布是指实际打印的工作区域，改变画布大小会直接影响最终的输出结果。选择"图像"→"_____"命令，或按_____组合键都能更改画布大小。

6）按_____组合键可以撤消之前的多步操作。

7）按_____组合键可以快速填充当前选区的颜色为前景色，按_____组合键可以快速填充当前选区的颜色为背景色。

8）如果要设置Photoshop的性能，更改暂存盘为D盘，首先应该选择"_____"→"_____"命令，然后在选项卡中设置。

C ≫ 素养提升

Adobe Photoshop是由Adobe公司开发和发行的图像处理软件。我国也有类似的图像处理软件，如彩影、美图秀秀等，价格相对较低，操作流程和界面也容易被国内的用户所认可。但由于起步较晚，功能设计上尚未成熟，在短时间内还难以满足精细的图像处理需求。也希望同学们将来有机会能够做出优秀的国产图像处理软件，让全世界都使用中国开发的软件。

项目2 选取和移动图像

项目概述

当使用Photoshop处理图像时，经常会根据实际需要选取图像中的局部区域，就是创建选区。创建选区是为了限制图像编辑的范围，从而得到精确的效果。当在文件中创建选择区域后，所做的操作便是对选择区域内的图像进行的，选区以外的图像将不受任何影响。创建选区的方法有很多种，不同的方法都有自己的优点。本项目通过案例介绍使用选区和移动工具选取和移动图像。

职业能力目标

1）了解各种选区工具的基本功能和特点。

2）熟练掌握利用各种选区工具建立选区的方法和技巧。

3）学会使用移动工具移动和复制图像，并对图像进行对齐与分布。

任务1 制作卡通插画

任务情境

Photoshop和画图软件一样吗？能不能用它来绘制自己需要的画面呢？答案是不一样，Photoshop软件的功能要强大得多，但是也可以用Photoshop软件绘制图案，而且不使用"画笔工具"，本任务用到的是"选框工具"。

任务分析

本任务需要制作的效果比较简单，基本过程就是使用"矩形选框工具"和"椭圆选框工具"绘制出各种图形的选区，然后填充纯色或渐变色，最后把各种做好的图形排版，即可制作一幅卡通插画。

任务实施

1. 制作背景

1）打开Photoshop软件，新建"宽度"为1024像素，"高度"为768像素，"分辨率"为72像素/英寸的文件。

2）选择"渐变工具"，将工具箱中的前景色设置为9efade，背景色设置为1e8cfd，如

图2-1所示，激活属性栏中的线性渐变按钮▇，将文件背景填充线性渐变色。

图2-1　设置渐变颜色

2. 绘制彩虹

1）单击图层面板底部的"新建图层组"按钮▇，新建图层组命名为"彩虹"，在彩虹图层组中新建图层1，命名为"红"，使用"椭圆选框工具"▇，按住<Shift>键在文件下半部绘制图2-2所示的正圆选区。

2）将前景色设置为红色，按<Alt+Delete>或者<Alt+Backspace>组合键向选区内填充当前前景色，如图2-3所示，不要取消选区。

图2-2　绘制的选区

图2-3　填充颜色后的效果（一）

3）在选区内单击鼠标右键，在弹出的快捷菜单中选择"变换选区"命令，按住<Shift+Alt>组合键，将鼠标光标放置在变换框右上角的控制点上，按住鼠标左键向左下方拖动，将选区等比例缩小，如图2-4所示。

4）新建图层命名为"橙"，将前景色设置为"橙"，按<Alt+Delete>或者<Alt+Backspace>组合键向选区内填充当前前景色，如图2-5所示，不要取消选区。

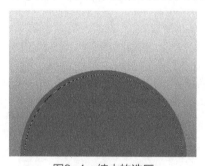

图2-4　缩小的选区

图2-5　填充颜色后的效果（二）

5）按照上述步骤，依次将选区缩小，新建相应图层命名为"黄""绿""蓝""靛""紫"，并填充相应颜色，不要取消选区，如图2-6所示。

6）再次等比例缩小选区，依次选中"红""橙""黄""绿""蓝""靛""紫"层，按住<Delete>键删除选区内的图像，彩虹制作完成，按<Ctrl+D>组合键取消选区，如图2-7所示。

图2-6　依次填充不同颜色后的效果

图2-7　绘制好的彩虹效果

3. 绘制小树

1）单击图层面板底部的"新建图层组"按钮 ，新建图层组命名为"小树"，在"小树"图层组中新建图层，命名为"树冠"，使用"椭圆选框工具" ，绘制图2-8所示的椭圆选区作为树冠。

2）选择"渐变工具"，将工具箱中的前景色设置为8fe748，背景色设置为0d7408，激活属性栏中的径向渐变按钮 ，在选区内拖动鼠标填充径向渐变色，按<Ctrl+D>组合键取消选区。

3）新建图层命名为"树干"，使用"矩形选框工具" 绘制一个矩形长条作为树干，填充当前背景色，如图2-9所示。

图2-8　绘制的椭圆选区

图2-9　绘制好的小树

4）按住<Shift>键的同时单击图层选中"树冠"和"树干"层，自由变换（组合键<Ctrl+T>），将鼠标光标放置在变换框右上角的控制点上，当鼠标光标变为旋转箭头时，按住鼠标左键拖动，旋转一定的角度和彩虹的弧度一致，并将"小树"图层组移至"彩虹"图层组的下方，如图2-10所示。

图2-10　调整好位置的小树

5）按照上述步骤，使用同样的方法绘制其他小树，填充不同的渐变色，旋转不同的角度，调整好位置，小树制作完成。

4. 绘制小房子

1）单击图层面板底部的"新建图层组"按钮 ▣，新建图层组命名为"房子"，在"房子"图层组中新建图层，命名为"墙面"，使用"矩形选框工具" ▣，绘制图2-11所示的矩形选区作为房子的墙面。

2）选择"渐变工具"，将工具箱中的前景色设置为白色，背景色设置为浅灰色bfc0bf，激活属性栏中的线性渐变按钮 ▣，在选区内拖动鼠标填充线性渐变色，按<Ctrl+D>组合键取消选区。

3）新建图层命名为"窗户"，使用"矩形选框工具" ▣ 绘制若干方形选区，填充深红色a90606，作为房子的窗户，如图2-12所示。

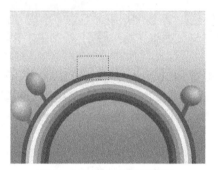 

图2-11　绘制的矩形选区　　　　　　　图2-12　绘制好的窗户

4）选择"多边形套索工具" ▣，单击鼠标确定绘制选区的起始点，换个位置再次单击鼠标确定下一个转折点，直至鼠标光标与最初的起始点重合（此时光标的下面多了一个小圆圈），然后在重合点上单击鼠标左键闭合选区，绘制一个梯形选区作为"房顶"，如图2-13所示。

5）选择"渐变工具"，将工具箱中的前景色设置为f04b4b，背景色设置为a90606，激活属性栏中的线性渐变按钮 ▣，在选区内拖动鼠标填充线性渐变色，按<Ctrl+D>组合键取消选区，房顶绘制完成，如图2-14所示。

图2-13　绘制的梯形选区　　　　　　　图2-14　绘制好的房顶

6）按照上述步骤，使用同样的方法绘制其他小房子，填充不同的渐变色，旋转不同的角度，调整好位置，房子制作完成。

5. 绘制太阳和白云

1）单击图层面板底部的"新建图层组"按钮 ▣，新建图层组命名为"太阳和白云"，在"太阳和白云"图层组中新建图层，命名为"太阳"。

2）使用"椭圆选框工具" 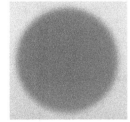，按住<Shift>键的同时拖动鼠标绘制一个正圆选区，使用<Shift+F6>组合键羽化选区，羽化值为5像素。

3）选择"渐变工具"，将工具箱中的前景色设置为红色ff0000，背景色设置为橙色ff5206，激活属性栏中的线性渐变按钮■，在选区内拖动鼠标填充线性渐变色，按<Ctrl+D>组合键取消选区，太阳绘制完成，如图2-15所示。

4）新建图层命名为"白云"，使用"椭圆选框工具" ，激活属性栏中的"添加到选区"按钮■，绘制若干大小不同的椭圆选区，组合在一起作为白云，如图2-16所示。

5）选择"选择"→"修改"→"羽化"命令（组合键<Shift+F6>），设置羽化值为5像素，填充白色，并将图层面板中的图层不透明度设置为"85%"，如图2-17所示。

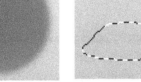
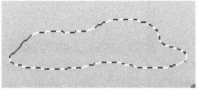

图2-15　绘制好的太阳　　　图2-16　绘制的白云选区　　　图2-17　填充颜色后的效果

6）按照上述步骤，使用同样的方法绘制其他白云并放置在不同的位置，至此全部完成，如图2-18所示。

7）按<Ctrl+S>组合键，将文件命名为"制作卡通插画.PSD"保存。

图2-18　制作卡通插画

 **≫ 知识加油站**

1. 规则选框工具的使用方法

规则选框工具组是用来创建规则选区的，其中包括四个工具："矩形选框工具""椭圆选框工具""单行选框工具"和"单列选框工具"，可以使用组合键<Shift+M>进行切换，如图2-19所示。

在列表中单击选择某一个工具，鼠标指针变为十字状，在画布中拖动鼠标，单行单列选框工具直接单击鼠标，即可创建一个对应形状的选区，如图2-20所示的四种选区。

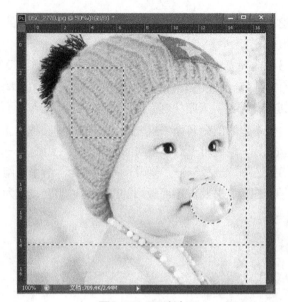

图2-19　矩形选框工具组　　　　　　　　　　图2-20　四种选区

对于"矩形选框工具"和"椭圆选框工具"，按住<Shift>键的同时拖动鼠标，可创建正方形或正圆形选区；按住<Alt>键的同时拖动鼠标，可创建以单击点为中心的矩形或椭圆选区；按住<Shift+Alt>键拖动鼠标，可创建以单击点为中心的正方形或正圆形选区。

2. 选框工具的属性栏

选框工具的属性栏如图2-21所示。

图2-21　选框工具的属性栏

1）创建选区的四种方式 ▣▣▣▣ 。

▣ "新选区"按钮：在图像中创建选区时，新创建的选区将取代原有的选区。

▣ "添加到选区"按钮：在图像中创建选区时，新创建的选区与原有的选区将合并为一个新的选区，如图2-22所示。

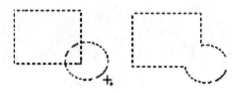

图2-22　添加到选区

▣ "从选区减去"按钮：在图像中创建选区时，将在原有选区中减去与新选区重叠的部分，得到一个新的选区，如图2-23所示。

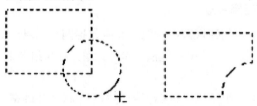

图2-23　从选区减去

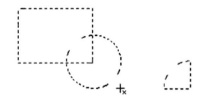 "与选区交叉"按钮：在图像中创建选区时，将只保留原有选区与新选区相交的部分，形成一个新的选区，如图2-24所示。

图2-24　与选区交叉

2）"羽化"文本框 。

"羽化"文本框内的值可决定选区边缘的柔化程度。对被羽化的选区填充颜色或图案后，选区内外的颜色或图案将柔和过渡，数值越大柔和效果越明显。图2-25所示为三个大小相同但"羽化"值不同的圆形选区填充颜色后的效果。

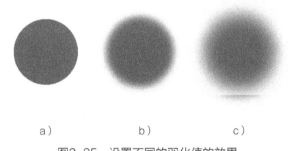

a）　　　　　　b）　　　　　　c）

图2-25　设置不同的羽化值的效果

a）羽化值为"0像素"　b）羽化值为"10像素"　c）羽化值为"20像素"

3）"消除锯齿"复选框 。

该选项只有在选择了"椭圆选框工具"后才能被激活。选中该复选框后，可使选区边缘变得平滑，同样大小的选区勾选和未勾选该复选框后的效果如图2-26所示。

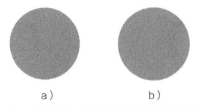

a）　　　　　　b）

图2-26　勾选和未勾选消除锯齿选项后的效果

a）未选中消除锯齿选项　b）选中消除锯齿选项

4）"样式"选项：只有选择"矩形选框工具"或"椭圆选框工具"时，"样式"下拉列表才能被激活。在"样式"下拉列表中有三个选项，如图2-27所示。

图2-27　样式下拉列表

"正常"选项：可创建任意大小的选区。

"固定比例"选项：其右侧的"宽度"和"高度"数值框将被激活，在其中输入数值，可设置选区的宽度和高度比，绘制出大小不同但宽高比一定的选区。

"固定大小"选项：其右侧的"宽度"和"高度"数值框将被激活，在其中输入数值后，在图像窗口中单击，即可创建大小一定的选区。

任务2 设计卡通风格儿童照片

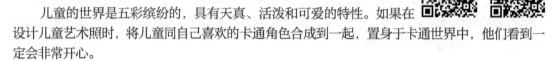

➤ 任务情境

儿童的世界是五彩缤纷的，具有天真、活泼和可爱的特性。如果在设计儿童艺术照时，将儿童同自己喜欢的卡通角色合成到一起，置身于卡通世界中，他们看到一定会非常开心。

➤ 任务分析

选择活泼并有一定肢体语言的儿童照片，选择合适的抠图工具将儿童图像从原图中抠取出来，放置在一张适合的背景中，最后对细节部分进行修饰，使其真正融入卡通世界中。本例针对不同图片选择不同的抠图工具：套索工具组、魔棒工具组。

➤ 任务实施

1. 抠取儿童图像

1）打开任务2的素材图片"2-28"，选择工具箱中的"缩放工具"，在照片中的人物部位单击，将人物放大以突出边缘（组合键<Ctrl+ +>）。

2）选取"磁性套索工具"，在衣服的边缘单击鼠标左键，确定绘制选区的起始点，如图2-28所示。

3）沿着图像的轮廓边缘移动鼠标光标，选区会自动吸附在图像的轮廓边缘上，如图2-29所示。

图2-28 绘制选区的起点　　　　　图2-29 吸附在图像轮廓边缘的锚点

4）继续沿图像的轮廓边缘移动鼠标光标，移动的过程中可以按住空格键移动图像至未显示的部分，如果选区没有吸附在想要的图像边缘位置时，可以通过单击鼠标左键手工添加一个控制点来确定要吸附的位置，再移动鼠标，直到鼠标光标与最初设置的起始点重合，如图2-30所示。

图2-30　绘制选区的终点

5）单击鼠标左键，即可创建出闭合选区，如图2-31所示。

图2-31　绘制好的选区

6）使用"多边形套索工具"，在属性栏中单击"从选区减去"按钮，沿着多余的地毯边缘不断单击鼠标直至选区闭合，将其从选区中减去，如图2-32所示。

图2-32　减去的选区

7）选择"选择"→"修改"→"羽化"命令（组合键
〈Shift+F6〉），在弹出的羽化值对话框中输入"5"，使选取的图
像边缘变得柔和一些，如图2-33所示。

2. 移动儿童图像并调整

图2-33 "羽化"设置对话框

1）打开任务2的素材图片"2-29"，单击"移动工具" ⊕ 将抠取的儿童图像按住鼠标左
键拖动移动到"2-29"中，如图2-34所示。

图2-34 拖动抠取的图像（一）

2）选择"编辑"→"自由变换"命令（组合键〈Ctrl+T〉），出现自由变换框，在属性
栏中单击"链接"符号 W: 100.00% ∞ H: 100.00%，然后单击W或H文本框，向下滑动鼠标滚轴，等
比例缩小图像至合适大小，按〈Ctrl+Enter〉组合键确认变换，如图2-35所示。

3）使用"多边形套索工具" ⊠ 将儿童身体多出电视机的部分选中（腿和脚除外），按
〈Delete〉键删除，做出儿童的脚伸出电视机的效果，如图2-36所示。

图2-35 改变图像的大小

图2-36 脚伸出电视机的效果

3. 电视机换背景

1）单击图层面板中"2-28"图层1左侧的"指示图层可见性"按钮 ○ ▨ 图层1 ，将儿童
图层暂时隐藏，打开任务2素材图片"2-30"，使用"移动工具" ⊕ 在卡通背景上按住鼠标
左键拖动，将卡通背景移动到电视机中，如图2-37所示。

2）选择"编辑"→"自由变换"命令（组合键〈Ctrl+T〉），给卡通图片添加自由变

换框。

3）按住<Ctrl>键，分别在变换框的四个角的控制点上按住鼠标左键拖动，调整卡通图片的四个顶点和电视机背景的顶点重合，按<Ctrl+Enter>组合键确认变换，如图2-38所示。

图2-37　添加的背景图片

图2-38　改变图片大小和位置的效果

4）再次单击图层面板中"2-28"图层1左侧的"指示图层可见性"按钮 ，将儿童图层再次显示。

4．添加卡通图片

1）打开任务2素材图片"2-31"，使用"魔棒工具" 激活属性栏中的"添加到选区"按钮 ，同时将容差值设置为"10像素"，然后在"2-31"的白色背景位置单击鼠标，将白色背景全部选中，如图2-39所示。

2）选择"选择"→"反向"命令（组合键<Shift+Ctrl+I>），对选区反向选择选中卡通人物图案，如图2-40所示。

图2-39　选中白色背景的选区

图2-40　反选后的选区

3）使用"移动工具" 将选中的图案移动至图像"2-29"中，如图2-41所示。

4）选择"编辑"→"自由变换"命令（组合键<Ctrl+T>），给卡通图案添加自由变换框。按住<Shift>键，将鼠标光标放置在变换框右上角的控制点上，向内拖动移动鼠标，等比例缩小图像并移动至合适的位置，如图2-42所示。

图2-41　拖动抠取的图像（二）

图2-42　调整图像的位置和大小

　　5）选中卡通人物所在图层，单击"图层"面板底部的"添加图层样式"按钮，选择"投影"选项，在弹出的图层样式对话框中，如图2-43所示，设置"距离"为"3"，角度为120度，其他数值不变，给卡通人物添加投影效果，如图2-44所示。

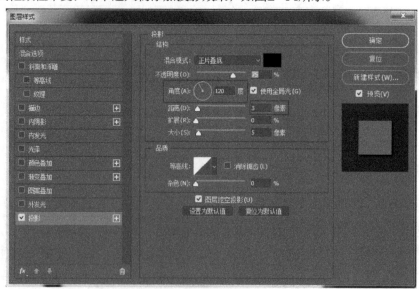

图2-43　图层样式对话框

图2-44　添加的投影效果

6）按照同样的方法给儿童层也添加投影效果，至此任务全部完成，如图2-45所示，按〈Ctrl+S〉组合键，将文件命名为"卡通风格儿童照片.PSD"保存。

图2-45　完成后的效果

 ≫ **知识加油站**

1. 套索工具组

Photoshop的套索工具内含三个工具，它们分别是"套索工具""多边形套索工具""磁性套索工具"。"套索工具"是最基本的选区工具，在处理图像中起着很重要的作用，可以使用组合键〈Shift+L〉进行切换，如图2-46所示。

图2-46　套索工具组

（1）套索工具 ♀

1）作用。用于创建任意形状的不规则选区，选区的形状取决于鼠标移动的轨迹。

2）使用方法。单击鼠标左键拖动鼠标，释放左键后将自动连接起点和终点，自动创建选区。创建的选区完全依循于鼠标移动的轨迹。

（2）多边形套索工具

1）作用。用于创建具有直线边的多边形选区。

2）使用方法。单击鼠标确定起点，围绕需要选择的对象不断单击，以确定节点，节点与节点之间将自动连接成选择线，按住<Shift>键可以创建水平、垂直或45度角的线。

注意：① 当终点与起点重合时，鼠标右下角会出现一个圆圈，单击即可闭合生成选区。在绘制过程中双击鼠标左键即可直接封闭选区。

② 如果在创建选区的过程中出现了错误的操作，按<Delete>键即可删除刚刚创建的节点。

（3）磁性套索工具

1）作用。"磁性套索工具"是一种智能选择工具，用于选择边缘比较清晰、对比度明显的图像。此工具可以根据图像的对比度自动跟踪图像的边缘，并沿图像的边缘自动生成选区。该工具对图像边缘的对比度要求较高。

2）使用方法。单击鼠标左键定义起始点，松开鼠标，围绕需要选择的图像边缘移动鼠标（移动的同时选择线会自动贴紧图像中对比最强烈的边缘），如果在拖动鼠标的过程中感觉图像某处的边缘不太清晰导致得到的选区不精确，则可以单击鼠标确定一个节点，如果得到的节点不准确则可以按<Delete>键删除前一个节点。

3）属性栏。"磁性套索工具"的属性栏和其他选区工具基本相同，只是增加了几个新的选项，如图2-47所示。

图2-47 "磁性套索工具"属性栏

宽度：默认值为10像素，决定"磁性套索工具"自动探测鼠标经过的颜色边缘宽度的范围。数值越大，探测范围越大。当图像边缘与周围区域的颜色反差不太明显时，应该将"宽度"值设置小一点。

对比度：最大值为100%，用于控制边缘色与周围色彩的反差程度，两边的颜色对比不强烈时对比度数值应该设置大一些，数值越大，得到的选区越精确。

频率：在利用"磁性套索工具"绘制选区时，会出现很多节点围绕在图像周围，以确保选区不被移动。此选项决定节点出现的次数，数值越大，在拖动鼠标的过程中出现的节点就越多。

"使用绘图板压力以更改钢笔压力"按钮：只有安装了绘图板和相关驱动程序才能用，用来设置绘图板的笔刷压力。勾选此项钢笔压力增加时套索的宽度会变细。

注意：在使用"套索工具"和"磁性套索工具"时，要暂时切换到"多边形套索工具"，可以按住<Alt>键，单击鼠标即可暂时切换，松开即可切换回来。

2. 魔棒工具组

魔棒工具组包含两个工具："快速选择工具"和"魔棒工具"，这两个工具都可以快速地选取图像中颜色较单纯的区域，以便于快速地编辑图像。

（1）快速选择工具

1）作用。利用可以调整的圆形画笔笔尖快速制作选区。

2）使用方法。在属性栏中设置好相应的参数，在图像中单击左键并拖动，拖动鼠标时选区向外扩展，并自动查找和跟随与圆形笔尖所接触的图像中像素的颜色值相似的颜色边缘，并将其选中，圆形笔尖越大选择的范围越大，选择速度越快。

3）属性栏。

"新选区"按钮：默认状态下此按钮处于激活状态，此时在图像中按下鼠标左键拖动可以绘制新的选区。

"添加到选区"按钮：当使用"新选区"按钮添加选区后会自动切换到此按钮为激活状态，按下鼠标在图像中拖动，可以增加图像的选取范围，如图2-48所示。

图2-48　"添加到选区"效果

"从选区减去"按钮：激活此按钮，可以将图像中已有的选区按照鼠标光标拖动的区域来减少被选取的范围。

"画笔"选项：用于设置所选范围区域的大小，如图2-49所示。

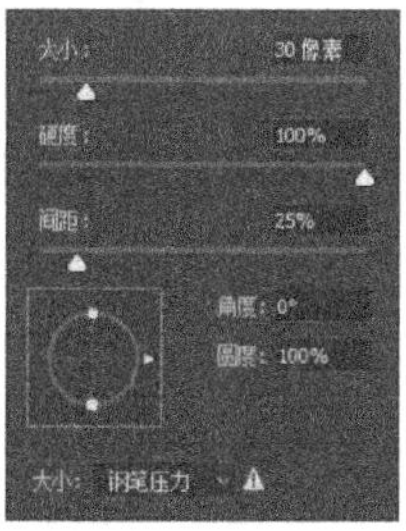

大小：调整画笔笔尖的内直径大小（组合键<【＋】>）。

硬度：调整画笔笔尖的边柔和度。

间距：调整拖动鼠标的过程中，笔尖轨迹的间隔大小。

角度：调整画笔笔尖旋转的角度。

圆度：调整画笔笔尖的圆度（椭圆或正圆形笔尖）。

图2-49　"画笔"选项

大小："无"指不适用设置；"钢笔压力"指使用"压力传感输入板"才起作用；"光轮笔"指使用外部设备"光轮笔"时才起作用。

"对所有图层取样"：勾选此选项，在绘制选区时，将应用到所有可见图层中。

"自动增强"：设置此选项，添加的选区边缘会减少锯齿效果的粗糙度。

（2）魔棒工具

1）作用。可以根据图像的颜色制作选区。用来选择与鼠标单击处颜色一致或相似的区域。

2）使用方法。在要选择的区域单击鼠标即可。

3）属性栏。

容差：取值范围是0～255，用于设置选择颜色的范围，以鼠标单击处的颜色值为基准。容差越小，所选的颜色与单击点的颜色越相近，得到的选区就越小；容差越大选择范围就越大。

消除锯齿：勾选此选项，选区边缘会平滑一些。

连续：勾选此选项，在图像中只能选择与鼠标单击处相近且相连区域的颜色；反之，可以选择图像中所有与鼠标单击处颜色相近的部分。

对所有图层取样：选中该项，可以选择所有图层可见部分中颜色相近的部分。

技能考核评价表

考核时间	考核项目	分值	自我评价	小组评价	教师评价	企业评价
40min	正确创建选区	10				
	修改选区	10				
	使用合适的选区工具抠图	30				
	图像的对齐和分布	20				
	整理计算机，保持整洁	10				
	团队合作意识	20				
	合计	100				

项目拓展

一、填空题

1）对于"矩形选框工具"和"椭圆选框工具"，按住_____键的同时拖动鼠标，可创建正方形或正圆形选区；按住_____键拖动鼠标，可创建以单击点为中心的正方形或正圆形选区。

2）Photoshop的套索工具内含三个工具，分别是_____、_____、_____，可以使用_____组合键进行切换。

3）在使用"多边形套索工具"创建选区的过程中出现了错误的操作，按_____键即可删除刚才创建的节点。

二、选择题

下列（　　）可以选取颜色相同和相近的范围。

A．矩形选框工具　　　B．椭圆选框工具　　　C．魔棒工具　　　D．套索工具

三、拓展训练

1）利用"矩形选框工具""椭圆选框工具"和"多边形套索工具"绘制图2-50所示的图形"卡通小熊"。

图2-50　卡通小熊效果

2）利用所给素材图片图2-51所示的"蓝天白云"替换图2-52所示的"公园"中的天空，效果如图2-53所示。

图2-51 蓝天白云

图2-52 公园

图2-53 替换背景后的效果

项目3 绘制图像

**项目概述**

在Photoshop CC中绘制图像，使用最多的工具是画笔工具组和渐变工具组，画笔工具组主要包括"画笔工具""铅笔工具""颜色替换工具"和"混合器画笔工具"，渐变工具组主要包括"渐变工具""油漆桶工具"和"3D材质拖放工具"，其中"3D材质拖放工具"将在制作3D效果项目中做介绍。不仅可以将自己喜欢的图像自定义为画笔形状，还可以使用Photoshop CC自带的各种画笔形状，通过调整画笔的样式，最终绘制出各种风格的图像。总之，熟练掌握这些工具的使用方法，就能使用Photoshop CC软件绘制出各种不同风格的绘画作品。

职业能力目标

1）了解Photoshop CC中绘画工具的用法以及属性栏参数的设置。

2）熟练使用画笔工具组和渐变工具组绘制各种风格的绘画作品。

任务1 绘制轻纱壁纸

≫ 任务情境

计算机桌面总是设置为一成不变的壁纸，时间长了会让人厌倦，如果能按照自己的意愿制作漂亮的壁纸就好了，本任务学习使用"画笔工具"打造一款曼妙柔美的轻纱壁纸。

≫ 任务分析

本任务将通过绘制一款曼妙柔美的壁纸来介绍"画笔工具"以及"画笔"面板的使用方法。通过设置"画笔工具"的颜色、笔头大小和形状，打造一张以蓝色为底的轻纱花朵壁纸，着重体现柔美的轻纱效果，如烟如雾般的梦幻效果，同时还具有很强烈的动感效果。

≫ 任务实施

1. 定义画笔

1）打开Photoshop软件，新建"宽度"为1366像素，"高度"为768像素，"分辨率"为120像素/英寸，"颜色模式"为RGB模式，"背景内容"为白色的文件，如图3-1所示。

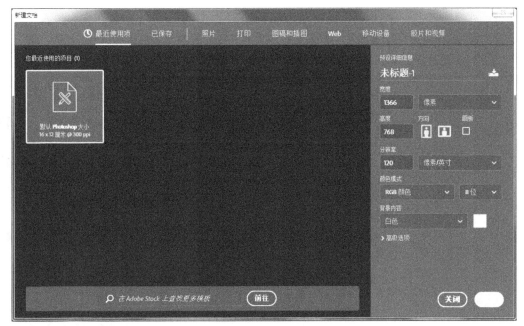

图3-1　新建文件

2）新建图层1，选择"画笔工具"，将前景色设置为黑色，画笔笔头选择尖角1像素，绘制一条曲线，如图3-2所示。

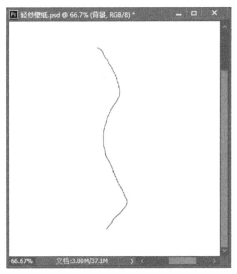

图3-2　绘制曲线

3）关闭背景层的眼睛，选择"编辑"→"定义画笔预设"命令，将其定义为画笔，命名为轻纱，如图3-3所示。

图3-3　定义轻纱画笔

2. 绘制轻纱

1）删除图层1，设置前景色为浅蓝色01a7ed，背景色为深蓝色000054，选择"渐变工具"，渐变类型选择径向渐变，自左下角至右上角填充背景，如图3-4所示。

图3-4　渐变工具填充的背景

2）单击"画笔工具"，选择刚才定义的轻纱画笔，单击"切换画笔面板按钮" 或者按 <F5>键打开画笔面板，设置画笔尖形状为平滑，直径为122像素，间距设置为1%，如图3-5 所示。

图3-5　设置画笔属性

3）新建图层组，命名为花瓣，新建图层1，前景色设置为白色，使用"画笔工具"绘制一个轻纱花瓣。可以多绘制几个，把不好看的删除，效果如图3-6所示。

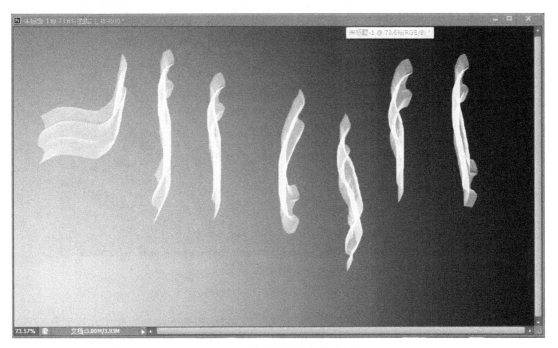

图3-6　绘制的白色轻纱花瓣

4）在花瓣图层组多创建几个图层，分别设置不同的颜色，绘制不同颜色和大小的轻纱花瓣，绘制好后的效果如图3-7所示。

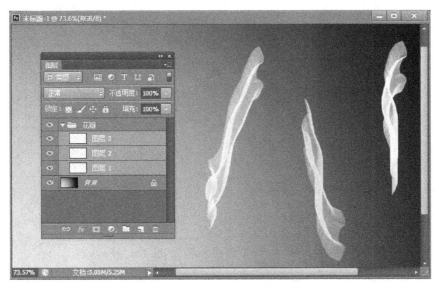

图3-7　绘制不同效果的花瓣

5）将几个花瓣图层多复制几份，分别旋转不同的角度，摆放不同的位置，做成花朵图案，效果如图3-8所示。

图3-8　绘制的轻纱花朵

3.　绘制花枝和叶子

1）新建图层组命名为茎叶，在组内新建图层，前景色设置为绿色，使用轻纱画笔绘制花枝，可以多绘制两条，重合在一起，将茎叶图层组拖放到花瓣页图层组之下，效果如图3-9所示。

图3-9　绘制的花枝

2）新建图层，前景色设置为浅绿色，使用轻纱画笔绘制叶子，形状不满意可以使用"橡皮擦工具"进行修饰，效果如图3-10所示。

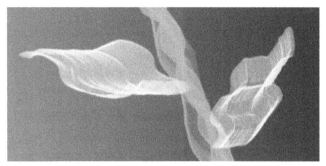

图3-10　绘制的叶子

3）新建图层，前景色设置为深绿色，使用"画笔工具"，尖角为3像素，绘制叶脉，效果如图3-11所示。

图3-11　绘制的叶脉

4）将花瓣和茎叶图层组分别复制一份，旋转一定的角度并改变大小位置，做出另一朵花，效果如图3-12所示。

图3-12　轻纱壁纸

5）按<Shift+Ctrl+S>组合键，将绘制完成的画面命名为"轻纱壁纸.PSD"保存。

知识加油站

1. 工具简介

1）"画笔工具"。选择"画笔工具"，先在工具箱中设置前景色的颜色，即画笔的颜色，并在画笔对话框中选择合适的笔头，然后将鼠标指针移动到新建或打开的图像文件中单击并拖动，即可绘制不同形状的图形或线条。

2）"铅笔工具"。此工具与"画笔工具"类似，也可以在图像文件中绘制不同形状的图形及线条，只是在属性栏中多了一个"自动抹掉"选项，这是"铅笔工具"所具有的特殊功能。

2. 属性栏

1）"画笔工具"。"画笔工具"属性栏如图3-13所示。

图3-13 "画笔工具"属性栏

画笔选项按钮：用来设置画笔笔头的形状和大小，单击右侧的按钮，会弹出如图3-14所示的画笔设置面板。

大小：用于设置画笔笔头的大小。

硬度：用于设置画笔笔头边缘的虚化程度，此值越大，画笔笔头边缘越清晰。

切换画笔面板按钮：按<F5>键或单击此按钮，可以弹出图3-15所示的画笔面板，该面板由三个部分组成，左侧部分主要用于选择画笔的属性，右侧部分用于设置画笔的具体参数，最下面部分是画笔的预览区域。先选择不同的画笔属性，然后在其右侧的参数设置区中设置相应的参数，可以将画笔设置为不同的形状。

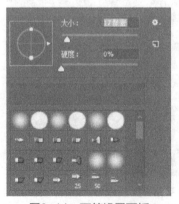

图3-14 画笔设置面板

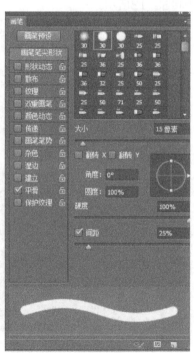

图3-15 画笔面板

模式: 正常 ：在"模式"后面的弹出式菜单中可选择不同的混合模式，可以设置绘制的图形与原图像的混合模式。

不透明度: 100% ："不透明度"选项用于设置画笔的"不透明度"，可以直接输入数值，也可以单击此选项右侧的 按钮，取值在0～100%，取值越大，画笔颜色的不透明度越高，取值为0时，画笔是透明的。按下小键盘中的数字键也可以调整画笔工具的不透明度。按下<1>键时，不透明度为10%；按下<5>键时，不透明度为50%；按下<0>键时，不透明度会恢复为100%。

：绘图板压力控制不透明度"，覆盖Photoshop CC画笔面板设置。

流量: 100% ："流量"选项设置与不透明度有些类似，指画笔颜色的喷出浓度，这里的不同之处在于不透明度是指整体颜色的浓度，而喷出量是指画笔颜色的浓度。

：启用喷枪模式"，单击工具选项栏中的图标，图标凹下去表示选中喷枪效果，再次单击图标，表示取消喷枪效果。"流量"数值的大小和喷枪效果作用的力度有关。可以在"画笔"面板中选择一个较大并且边缘柔软的画笔，调节不同的"流量"数值，然后将画笔工具放在图像上，按住鼠标左键不松，观察笔墨扩散的情况，从而加深理解"流量"数值对喷枪效果的影响。

2）"铅笔工具"。"铅笔工具"属性栏如图3-16所示，与画笔工具属性栏基本相同。

图3-16 "铅笔工具"属性栏

任务2　绘制圆锥体

▶ 任务情境

大家一定在数学里学到过很多立体图形，其实，很多立体图形都可以被用来作为装饰和点缀。Photoshop中的"渐变工具"在绘图过程中起着很大作用，能够绘制出任意物体形状，那么如何使用"渐变工具"制作立体图形呢？本任务就以制作圆锥体为例，来学习使用Photoshop中的"渐变工具"制作立体图形。

▶ 任务分析

本任务将通过制作圆锥体为例，掌握"渐变工具"的使用方法和渐变的不同类型，掌握渐变颜色的调整方法，掌握图形的透视变换操作。

▶ 任务实施

1. 制作背景

1）打开Photoshop CC软件，在起点界面中选择"新建"命令，新建"宽度"为800像素，"高度"为600像素，"方向"为横向，"分辨率"为120像素/英寸的文件，单击"创建"按钮，如图3-17所示。

2）设置前景色为黑色，背景色为灰色，单击工具箱中的"渐变工具" ，渐变颜色选择从前景色到背景色的渐变，渐变类型选择线性渐变，在背景层上方按下鼠标左键向下拖动，为背景层填充渐变色。填充渐变色后的画面效果如图3-18所示。

图3-17 "新建文档"对话框

图3-18 填充渐变色后的画面效果

---

2. 制作立体圆锥

1）单击图层面板底部新建图层按钮新建"图层1"，如图3-19所示。

图3-19　渐变编辑器的参数

2）在工具箱中选择"矩形选框工具"，在图层1中按住鼠标左键拖动绘制出一个矩形，效果如图3-20所示。

图3-20　绘制的矩形选区

3）在工具箱中选择"渐变工具"，并在属性栏单击渐变颜色打开"渐变编辑器"，如图3-21所示。

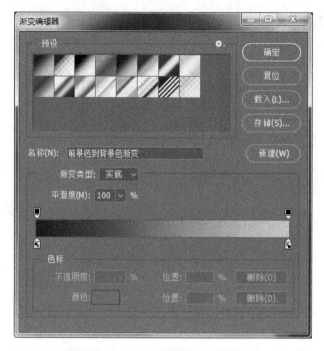

图3-21 "渐变编辑器"对话框

4）在"渐变编辑器"对话框中，分别双击左端和右端的颜色色标，设置颜色均为深金色a36803，效果如图3-22所示。

图3-22 设置色标颜色

5）在渐变条中间位置单击添加一个色标，按照与步骤4）同样的方法设置颜色为金色ffc000，设置完成后单击确定按钮退出渐变编辑器，如图3-23所示。

6）在图层1的矩形选区内自左向右按住<Shift>键的同时按下鼠标左键水平拖动，为选区填充渐变色，填充渐变色后的画面效果如图3-24所示。

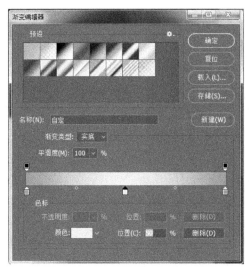

图3-23　添加中间色标并设置颜色

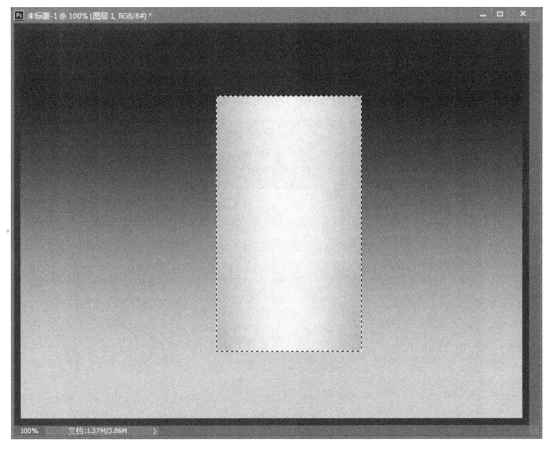

图3-24　填充渐变颜色后的矩形选区

7）按<Ctrl+D>组合键取消选区。

8）按<Ctrl+T>组合键对填充好的矩形进行自由变换，矩形四周出现变换框，如图3-25
所示。

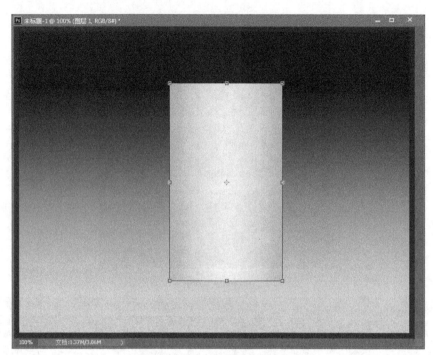

图3-25　矩形四周出现变换框

9）在变换框内单击鼠标右键，在弹出的快捷菜单中选择"透视"命令，如图3-26所示。

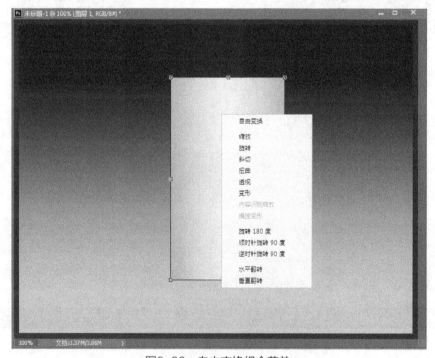

图3-26　自由变换组合菜单

10）按<Ctrl+R>组合键打开标尺，按住鼠标左键从垂直方向的标尺上拖出一条参考线至矩形的中心，如图3-27所示。

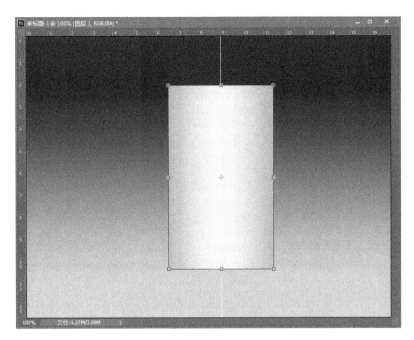

图3-27　制作的垂直参考线

11）按住鼠标左键拖动变换框左上角或右上角的控制点至变换框上边的中心点，直至与其重合，做成锥体的形状，按<Enter>确认变换，效果如图3-28所示。

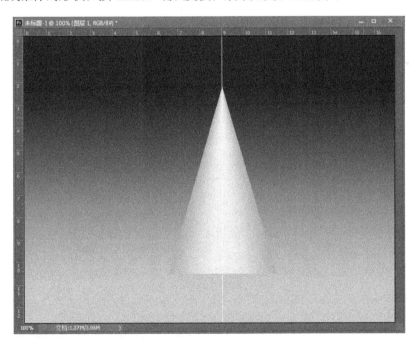

图3-28　矩形透视变换成三角形

12）按住<Ctrl++>组合键，把图像放大，按住空格键，鼠标变为抓手工具时拖移图像，使图像底部显示出来，如图3-29所示。

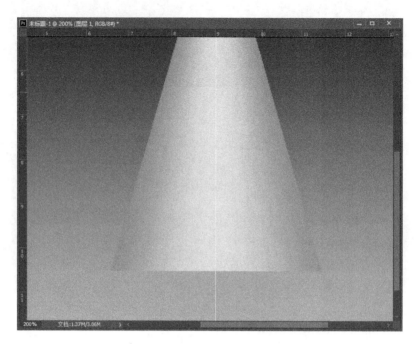

图3-29　放大图像

13）单击选择工具箱中的"椭圆选框工具"，以辅助线为圆心，按住<Alt>键的同时，在锥体底部按住鼠标左键拖动创建一个椭圆形选区，和锥体的边缘重合，如图3-30所示。

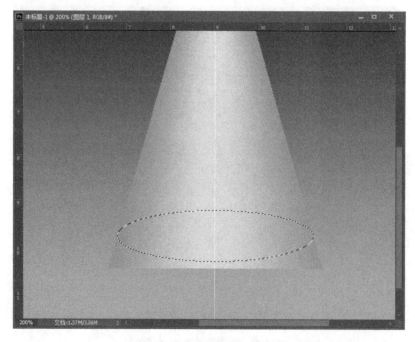

图3-30　绘制的椭圆选区

14）按<Ctrl+->组合键将图片缩回到原来位置，单击选择工具箱中的"矩形选框工具"，在属性栏中选择"添加到选区"，如图3-31所示。

图3-31 选择"矩形选框工具"

15）使用"矩形选框工具"绘制一个矩形选区，将锥体整个框入，让矩形选区的下底边穿过椭圆直径所在的位置，与椭圆直径相重合，如图3-32所示。

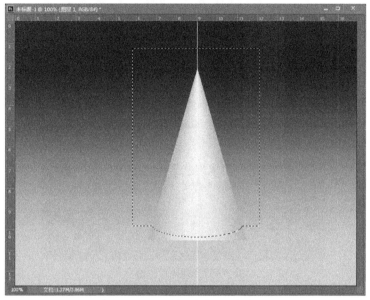

图3-32 绘制的矩形选区

16）按<Shift+Ctrl+I>组合键反向选择，再按<Delete>键删除选区内多余的部分，按<Ctrl+D>组合键取消选择，得到锥体的最终形状，如图3-33所示。

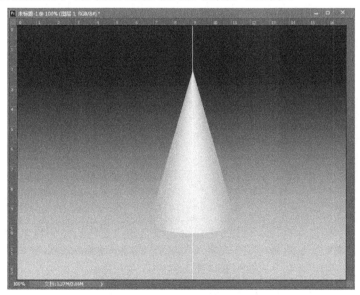

图3-33 制作完成的圆锥体

3. 制作投影

1）单击图层面板底部的新建图层按钮，新建"图层2"，单击选择工具箱中的"多边形套索工具"，绘制图3-34所示的选区。

图3-34 绘制的圆形选区

2）按<Shift+F6>组合键，将选区羽化5像素，如图3-35所示。

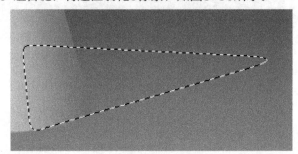

图3-35 羽化后的选区

3）设置前景色为深灰色，按<Alt+Backspace>组合键在选区内填充前景色，如图3-36所示。

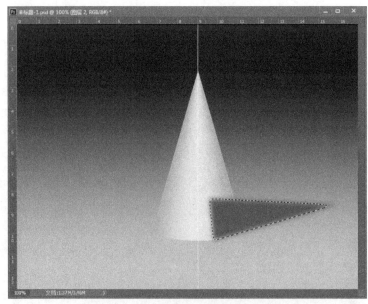

图3-36 在选区内填充深灰色

4）按<Ctrl+D>组合键取消选区，将图层2移至图层1之下，如图3-37所示。

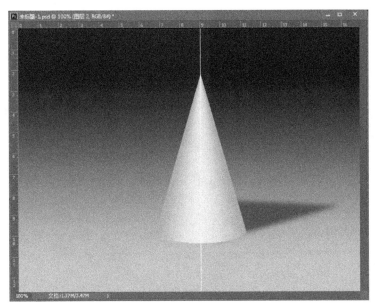

图3-37　调整图层顺序

5）单击选择工具箱中的"橡皮擦工具"，选择鼻头为柔边圆，设置合适的笔头大小，不透明度设为50%，如图3-38所示。

6）用"橡皮擦工具"将"投影"右侧部分擦淡，效果如图3-39所示。

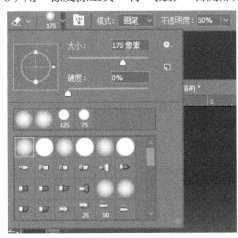

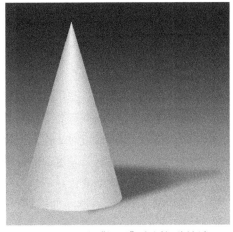

图3-38　选择"橡皮擦工具"并设置属性　　　图3-39　将"投影"右侧部分擦淡

7）将画笔笔头调小，将图中圈出的多余部分擦掉，处理得自然一些，效果如图3-40所示。

图3-40　将圈出的多余部分擦掉

8）圆锥制作完成，按<Ctrl+S>组合键保存为"圆锥体.PSD"，最终效果如图3-41所示。

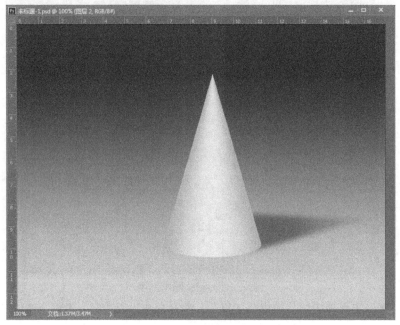

图3-41　圆锥体最终效果图

 **知识加油站**

1. 渐变工具组

渐变工具组中包括"渐变工具""油漆桶工具"和"3D材质拖放工具"。

（1）"渐变工具"　"渐变工具"是一款运用非常广泛的工具，可以把较多的颜色混合在一起，邻近的颜色间相互形成过渡。这款工具使用起来并不难，选择这款工具后，在属性栏设置好渐变方式，如线性、放射、角度、对称和菱形等，然后选择好起点，单击鼠标左键并拖动到终点松开即可拉出想要的渐变色。

（2）"油漆桶工具"　"油漆桶工具"是一款填色工具，可以快速对选区、画布和色块等填色或填充图案。操作也较为简单，先选择这款工具，在相应的地方单击鼠标左键即可填充。如果要在色块上填色，需要设置好属性栏中的容差值。Photoshop CC"油漆桶工具"可根据像素颜色的近似程度来填充颜色，填充的颜色为前景色或连续图案（"油漆桶工具"不能作用于位图模式的图像）。

（3）"3D材质拖放工具"　"3D材质拖放工具"可以对3D文字和3D模型填充纹理效果。

2. 渐变工具组属性栏

（1）"渐变工具"　"渐变工具"属性栏如图3-42所示。

图3-42　"渐变工具"属性栏

单击可编辑渐变：渐变颜色条中显示了当前的渐变颜色，单击其右侧的扩展按钮，可以打开一个弹出式面板，如图3-43所示。

单击可编辑渐变按钮，可以打开"渐变编辑器"对话框，如图3-44所示。

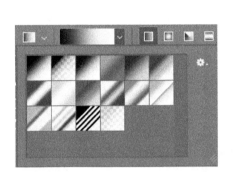

图3-43 渐变颜色面板

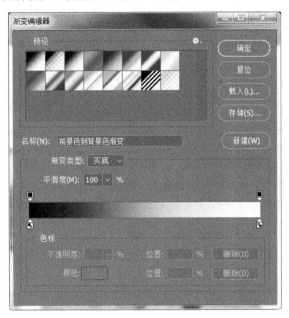

图3-44 "渐变编辑器"对话框

渐变类型包括线性渐变、径向渐变、角度渐变、对称渐变和菱形渐变五种。

"线性渐变"：在图像文件中拖动鼠标，将产生自鼠标起点到终点的直线渐变效果，如图3-45所示。

"径向渐变"：在图像文件中拖动鼠标，将产生以鼠标起点为圆心，鼠标拖动的距离为半径的圆形渐变效果，如图3-46所示。

图3-45 线性渐变

图3-46 径向渐变

"角度渐变"：在图像文件中拖动鼠标，将产生以围绕鼠标起点逆时针方向环绕的锥形渐变效果，如图3-47所示。

"对称渐变"：在图像文件中拖动鼠标，将产生在鼠标起点两侧的对称直线渐变效果，如图3-48所示。

图3-47　角度渐变　　　　　　　　　　　　　　图3-48　对称渐变

▣ "菱形渐变"：在图像文件中拖动鼠标，将产生以鼠标起点为中心，鼠标拖动距离为半径的菱形图案渐变效果，如图3-49所示。

模式：[正常] 模式：用来设置应用渐变时渐变色与底图的混合模式。

不透明度：[100%] 不透明度：用来设置渐变效果的不透明度。

☑反向 反向：可转换渐变条中的颜色顺序，得到反向的渐变效果。

☑仿色 仿色：该选项用来控制色彩的显示，选中它可以使色彩过渡更加柔和。

☑透明区域 透明区域：勾选该项，可创建透明渐变；取消勾选则只能创建实色渐变。

图3-49　菱形渐变

（2）"油漆桶工具" "油漆桶工具"属性栏如图3-50所示。

◇ | 前景 ∨ | 模式：正常 ∨ | 不透明度：100% | 容差：32 | ☑ 消除锯齿 ☑ 连续的 □ 所有图层

图3-50　油漆桶工具属性栏

前景 ∨ 设置填充区域的源：用于设置向画面或选区中填充的内容，包括"前景"和"图案"两个选项。选择"前景"选项，向画面中填充的内容为工具箱中的前景色；选择"图案"选项，并在右侧的图案窗口中选择一种图案后，向画面填充的内容为选择的图案。

模式：正常 模式：设置填充图像与原图像的混合模式。

不透明度：100% 不透明度：决定填充颜色或图案的不透明程度。

容差：32 容差：控制图像中填充颜色或图案的范围，数值越大，填充的范围越大。

☑消除锯齿 消除锯齿：勾选此选项，可以通过淡化边缘来产生与背景颜色之间的过渡，使锯齿边缘得到平滑。

☑连续的 连续的：勾选此选项，利用"油漆桶工具"填充时，只能与鼠标单击处颜色相近且相连的区域填充；若不勾选此选项，则可以在单击鼠标处颜色相近的所有区域填充。

□所有图层 所有图层：勾选此选项，选择填充范围时所有图层都起作用。

 **技能考核评价表**

考核时间	考核项目	分值	自我评价	小组评价	教师评价	企业评价
40min	使用"画笔工具"绘图	20				
	使用"渐变工具"	30				
	制作图片艺术效果	20				
	整理计算机，保持整洁	10				
	团队合作意识	20				
	合计	100				

≫ **项目拓展**

一、填空题

1）在Photoshop中，使用"渐变工具"可以创建丰富多彩的渐变颜色，从而制作很多奇妙的效果，如线性渐变、_____、_____、_____与_____。

2）当使用"画笔工具"时，按快捷键_____可以减小画笔的直径，按快捷键_____可以增大画笔的直径。

二、选择题

1）在编辑渐变颜色时，以下（　　）不可以被编辑。

    A．前景色　　　　　　　　　　B．位置

    C．颜色　　　　　　　　　　　D．不透明度

2）以下（　　）可以绘制图像的水彩或油画艺术效果。

    A．画笔工具　　　　　　　　　B．渐变工具

    C．混合器画笔工具　　　　　　D．颜色替换工具

三、拓展训练

利用"渐变工具"制作图3-51所示的立体图形。

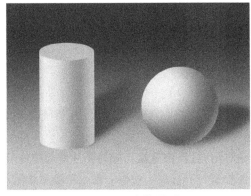

图3-51　立体图形

项目4 图像的编辑与润饰

 **项目概述**

对图像的编辑和润饰是平面设计中的重要任务。Photoshop为完成图像的编辑和润饰提供了丰富的工具。这些工具能够完成图像整体或局部的复制、图像背景的删除到图像的润饰等诸多任务。本项目详细介绍这些工具的特性及使用方法。通过本项目的学习，将能够获得使用各种工具进行图像编辑和修改的技能，了解这些工具的使用方法和技巧，为完成各种设计任务打下坚实的基础。大家在学习和工作中修改和处理照片时，也要遵守相关法律法规，避免发生侵犯肖像权的违法行为。

职业能力目标

1）掌握"图章工具""修复工具"和"润饰工具"的使用。

2）综合使用"图章工具""修复工具"和"润饰工具"等修复图像。

任务1　打造人物分身照

➤ 任务情境

"分身照"就像自己有了双胞胎兄弟姐妹一样，一张照片里拍出了同一个人的多个影像。出现在照片中的分身术，秘密其实就在合成，使用相同的构图与曝光，将被拍摄人物安排在不同的位置，并逐一拍摄下来，最后利用Photoshop软件将这些照片合成到一张照片里，就会变成一张有"分身"的有趣照片。

➤ 任务分析

本任务将通过"图案图章工具"制作背景，通过"仿制图章工具"将人物的多张照片合成到一张照片里，打造一张有趣的人物分身照。

➤ 任务实施

1. 定义图案

1）打开素材图片"4-1"，按<Ctrl+J>组合键将图像复制一层为"图层1"，如图4-1所示。

2）按<Ctrl+T>组合键对图层1自由变换，旋转图片使海岸线至水平，如果不能判断是否水平，则可以按<Ctrl+R>组合键打开标尺，拉出一条水平参考线做参考，然后按<Enter>键确认变换，如图4-2所示。

图4-1　复制图层　　　　　　　　　　　　图4-2　自由变换图像

3）单击背景层前面的"眼睛"图标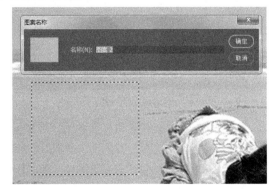隐藏背景层，在图层1上选择一块不带人物的海面，使用"矩形选框工具"绘制一个矩形选区，如图4-3所示。

4）单击"编辑"菜单"定义图案"命令，在弹出的"图案名称"对话框中将"名称"设为"图案1"，如图4-4所示。

图4-3　选择海面绘制矩形选区　　　　　　图4-4　定义图案对话框

5）使用同样的方法，选择一块合适的沙滩，使用"矩形选框工具"绘制一个矩形选区，定义为"图案2"，如图4-5所示。

图4-5　定义图案2

2. 制作背景

1）打开素材图片"4-1"，删除刚才复制的图层1。选择"图像"→"图像大小"命令，查看素材图片"4-1"，宽为20厘米，高为26.67厘米，如图4-6所示。

图4-6 "图像大小"对话框

2）选择"文件"→"新建"命令，新建宽度为素材图片"4-1"的2倍、高和分辨率与素材图片"4-1"相同的文件，即宽40厘米，高26.67厘米，分辨率为72像素/英寸的文件，如图4-7所示。

3）单击图层面板底部的"新建图层"按钮 新建"图层1"，单击工具箱中的"图案图章工具" ，在属性栏选择笔头样式为"柔边圆"，图案拾色器选择刚才定义的"图案1"，其他选项默认，如图4-8所示。

图4-7 新建文件

图4-8 设置图案图章工具属性

4）在"图层1"的上半部分按住鼠标左键拖动，拖动出一层海面效果，如图4-9所示。

5）新建"图层2"，在下半部分按住鼠标左键拖动，拖动出沙滩效果，如图4-10所示。

6）同时选中"图层1"和"图层2"，按<Ctrl+T>组合键自由变换，旋转并调整大小，使制作的背景海面呈倾斜状态并充满整个画布。背景制作完成，效果如图4-11所示。

图4-9　绘制的海面效果　　　图4-10　绘制的沙滩效果　　　图4-11　制作完成的背景

3. 制作分身照

1）打开素材图片"4-1"，单击选择工具箱中的"仿制图章工具" ，在属性栏选择"柔边圆"笔头，在人物中心按住<Alt>键，单击鼠标左键选取取样点，对照片进行取样，取样效果如图4-12所示。

2）回到刚才新建的文件，新建图层3，按住鼠标左键在左半部分拖动，直至拖动出整个人物，效果如图4-13所示。

图4-12　选取取样点　　　　　　　图4-13　绘制第一张人物效果

3）单击图层面板底部的"添加图层蒙版"按钮 ，单击选择工具箱中的"画笔工具"，设置"柔边圆"笔头，前景色为"黑色"，在蒙版上使用"画笔工具"擦黑色，从而隐藏图层3上使用"仿制图章工具"绘制出的图4-14所示的多余部分。

4）新建"图层4"和"图层5"，使用同样的方法，分别把素材图片"4-2"和素材图片"4-3"使用"仿制图章工具"复制到新建文件"图层4"和"图层5"的合适位置，效果如图4-15所示。

图4-14　"仿制图章工具"绘制出的多余部分　　　图4-15　复制的"图片2"和"图片3"

5）分别给"图层4"和"图层5"添加图层蒙版，使用"画笔工具"将"仿制图章工具"绘制出的多余部分隐藏，效果如图4-16所示。

6）适当移动调整"图层3""图层4"和"图层5"的位置，选中"图层3"并选择"图像"→"调整"→"亮度对比度"命令，调整图层3的亮度对比度，使图像融合效果更好，效果如图4-17所示。

图4-16　删除"图层4"和"图层5"多余的部分

图4-17　调整图像亮度对比度

7）使用同样的方法调整"图层4"和"图层5"的"亮度对比度"，人物分身照效果制作完成，最终效果如图4-18所示。

8）按<Ctrl+S>组合键保存文件，命名为"人物分身照.PSD"。

图4-18　人物分身照

知识加油站

1. 图案图章工具

"图案图章工具"类似于图案填充效果，使用工具之前需要定义好想要的图案，然后适当设置好属性栏的相关参数，如笔刷大小、不透明度和流量等。然后在画布上涂抹就可以出现想要的图案效果，绘出的图案会重复排列。"图案图章工具"属性栏如下。

属性栏中前几个参数与前面介绍的工具相关参数含义相同。

印象派效果 印象派效果：选中以后，涂抹到图片中的图案变得有一种模糊的效果。

注：在定义图案时，如果要将打开的图案定义为样本，可直接选择"编辑"→"定义图案"命令。如果要将图像中的某一部分设置为样本图案，就要首先将定义图案的部分选择，选择图案时使用的选框工具必须为"矩形选框工具"，且属性栏中的"羽化值"必须为"0"。选择好定义的图案后，再选择"编辑"→"定义图案"命令将其定义。

2. 仿制图章工具

"仿制图章工具"可以将一幅图像的选定点作为取样点，将该取样点周围的图像复制到同一图像或另一幅图像中。"仿制图章工具"也是专门的修图工具，可以用来消除人物脸部斑点、背景部分不相干的杂物和填补图片空缺等。使用方法：选择这款工具，在需要取样的地方按住<Alt>键取样，然后在需要修复的地方涂抹就可以快速消除污点等，同时也可以在属性栏调节笔刷的混合模式、大小和流量等，更为精确地修复污点。

"仿制图章工具"属性栏如下：

属性栏中前几个参数与前面介绍的工具相关参数含义相同。

不透明度/流量：可以根据需要设置笔刷的不透明度和流量，使仿制的图像效果更加自然。

"对齐" ：勾选中该选项可以多次复制图像，所复制出来的图像仍是选定点内的图像，若未选中该复选框，则复制出的图像将不再是同一幅图像，而是多幅以基准点为模板的相同图像。

注：使用"仿制图章工具"复制图像过程中，复制的图像将一直保留在仿制图章上，除非重新取样将原来复制的图像覆盖；如果在图像中定义了选区内的图像，则复制将仅限于在选区内有效。

任务2　修复污渍照片

▶ 任务情境

许多人家里都有不少老照片，因为时间久远、保存不当等原因，老照片变得破旧不堪，甚至粘上了一些污渍，有没有方法能将这些很有纪念意义的老照片进行翻新呢？答案是肯定的，用Photoshop软件可以修复破损照片，使其焕然一新。

▶ 任务分析

本任务中的照片粘上了污渍，需要进行修复。Photoshop CC中的污点修复画笔工具组包含"污点修复画笔工具""修复画笔工具""修补工具""内容感知移动工具"和"红眼工具"。这几个工具相互结合使用，可以针对破损照片的不同问题进行修复。本任务将综合使用这些工具对有污渍的照片进行修复。

▶ 任务实施

1. 打开素材图片

1）启动Photoshop CC软件，单击欢迎界面的"打开"命令，打开素材图片"4-19"，如图4-19所示。

2）为方便修复，把需要修复的部位加上标注，右边窗帘上的污渍标注为"1""2""3"，左边窗帘上的污渍标注为"4"，袖子上的污渍标注为"5"，胳膊和脸上的痣标注为"6"，如图4-20所示。

图4-19　素材图片

图4-20　给素材图片加上标注

2. 修复污渍1、2、3

1）处理人物照片首先要将背景层复制一层，防止在处理过程中损坏原图，按<Ctrl+J>组合键将背景层复制一层生成"图层1"，如图4-21所示。

2）首先来修复右边窗帘上的污渍，先修补较小的"污渍2"和"污渍3"，这样有更多好的区域以供修复"污渍1"。单击选择工具箱中的"修补工具" ⬚，在属性栏中设置修补模式为"内容识别"，其他选项默认，按住鼠标左键将"污渍2"圈出，如图4-22所示。

3）将"污渍2"拖移到旁边没有污渍的窗帘部位，即可修复"污渍2"，效果如图4-23所示。

图4-21　复制背景层

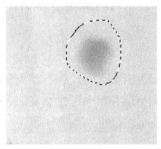

图4-22　圈出"污渍2"

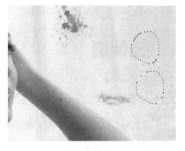

图4-23　修复好的"污渍2"

4）使用修复"污渍2"同样的方法修复"污渍3"和"污渍1"，修复效果不好可以多修复几次，效果如图4-24所示。

图4-24　修复好的"污渍3"和"污渍1"

3. 修复污渍4

1）按<Ctrl++>组合键放大图像，按空格键变为"抓手工具"将图像拖放至"污渍4"所在的位置，如图4-25所示。

2）单击工具箱中的"内容感知移动工具" ⬚，在属性栏设置模式为"扩展"，按住鼠标左键框选要修复的污渍部位，效果如图4-26所示。

3）单击"套索工具" ⬚，选择"新选区"，将选区移动到旁边纹理相似没有污渍的部位，如图4-27所示。

图4-25　放大图像（一）　　　　图4-26　框选"污渍4"　　　　图4-27　移动选区位置

4）切换回"内容感知移动工具" ⤬ ，按住鼠标左键移动选区至污渍所在位置，注意纹理，如图4-28所示。

5）单击"提交变换"按钮 ✓ ，修复效果会和底图相互融合，按<Ctrl+D>组合键取消选区，修复完成，效果如图4-29所示。

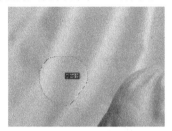

图4-28　移动选区位置　　　　　　　图4-29　修复好的"污渍4"效果

4. 修复污渍5

1）按<Ctrl++>组合键放大图像，按空格键变为"抓手工具"将图像拖放至"污渍5"所在的位置，如图4-30所示。

2）单击工具箱中的"修复画笔工具" ，属性栏设置源为"取样"，按住<Alt>键在没有污渍的部位单击取样，如图4-31所示。

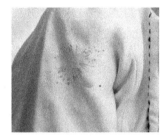

图4-30　放大图像（二）　　　　图4-31　按住<Alt>键取样的效果

3）在需要修复的污渍部位拖移鼠标进行修复，效果如图4-32所示。

4）多次按住<Alt>键在没有污渍的部位取样，拖移修复其他污渍部位，注意纹理的相似性，最终修复效果如图4-33所示。

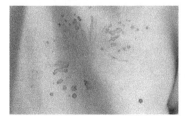

图4-32　修复污渍的效果　　　　图4-33　修复好的"污渍5"效果

5. 修复胳膊和脸部

1）按<Ctrl++>组合键放大图像，按空格键变为"抓手工具"将图像拖放至胳膊和脸所在的位置，如图4-34所示。

2）胳膊和脸上的痣比较小，直接使用"污点修复画笔工具"修复即可。单击选择工具箱中的"污点修复画笔工具" ，在属性栏设置合适的笔头大小，类型设置为"内容识别"，如图4-35所示。

图4-34 放大图像（三）

图4-35 设置"污点修复画笔工具"属性栏

3）在胳膊上的痣部位使用"污点修复画笔工具"单击一下，修复效果如图4-36所示。

4）使用同样的方法，在脸上的痣部位单击鼠标，最终修复效果如图4-37所示。

图4-36 修复胳膊效果

图4-37 修复脸部效果

5）至此，图像需要修复的部位已修复完成，但图像整体偏暗，按<Ctrl+M>组合键打开曲线对话框。在曲线对话框中综合调整图像的亮度对比度，如图4-38所示。

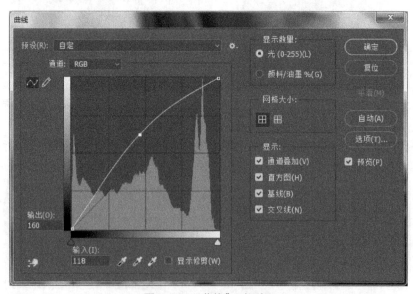

图4-38 "曲线"对话框

6）按<Ctrl+S>组合键保存为"修复照片.PSD"，最终效果图如图4-39所示。

图4-39　修复照片

 **知识加油站**

1. 工具简介

（1）污点修复画笔工具![icon] "污点修复画笔工具"可以快速移去照片中的污点和其他不理想部分。通过取样图像中某一点的图像，将该点的图像修复到当前要修复的位置，并将取样像素的纹理、光照、透明度和阴影与所修复的像素相匹配，从而达到自然的修复效果。

（2）修复画笔工具![icon] "修复画笔工具"也是用来修复图片的工具。操作方法：按住<Alt>键从图像中取样，并在修复的同时将样本像素的纹理、光照、透明度和阴影与源像素进行匹配，从而使修复后的像素不留痕迹地融入图像的其余部分。

（3）修补工具![icon] "修补工具"可以修改有明显裂痕或污点等有缺陷或者需要更改的图像。选择需要修复的选区，拉取需要修复的选区拖动到附近完好的区域方可实现修补。一般用于修复照片中一些大面积的皱纹之类的部分。

（4）内容感知移动工具![icon] "内容感知移动工具"是Photoshop新增的一个功能强大、操作非常容易的智能修复工具，它主要有两个功能：

感知移动功能：这个功能主要是用来移动图片中主体，并随意放置到合适的位置。移动后的空隙位置，Photoshop会智能修复。

快速复制：选取想要复制的部分，移到其他需要的位置就可以实现复制，复制后的边缘会自动柔化处理，跟周围环境融合。

操作方法：在工具箱的"修复画笔工具"栏选择"内容感知移动工具"，光标上就出现有"X"图形，按住鼠标左键并拖动就可以画出选区，与"套索工具"的操作方法一样。先用这个工具把需要移动的部分选取出来，然后在选区中按住鼠标左键拖动，移到想要放置的位置后松开鼠标系统就会智能修复。

（5）红眼工具![icon] "红眼工具"可移去用闪光灯拍摄的人物照片中的红眼，也可以移去用闪光灯拍摄的动物照片中的白色、绿色反光。

2. 修复画笔工具组属性栏

（1）污点修复画笔工具 "污点修复画笔工具"属性栏如图4-40所示。

图4-40 "污点修复画笔工具"属性栏

画笔选项：可以调整画笔大小和硬度等。

绘画模式：选择所需的修复模式。

设置源取样类型：设置画笔修复图像区域后的类型。选择"创建纹理"选项在图像上单击并拖动鼠标，这时该工具将自动使用覆盖区域中的所有像素创建一个用于修复该区域的纹理。

从复合数据中取样仿制数据：选择取样范围，勾选"对所有图层取样"选项，可以从所有可见图层中提取信息。不勾选，只能从现用图层中取样。

：始终对"大小"使用"压力"。在关闭时，"画笔预设"控制压力。

（2）修复画笔工具 "修复画笔工具"属性栏如图4-41所示。

图4-41 "修复画笔工具"属性栏

画笔选项：可以选择修复画笔的大小或笔刷样式。单击画笔右侧的扩展按钮即可弹出图4-42所示的"画笔"面板，可以在此设置画笔的直径、硬度和压力大小等。

绘画模式：单击右侧扩展按钮可选择复制像素或填充图案与底图的混合模式。

设置修复区域的源：选择"取样"后，按住<Alt>键在图像中单击可以取样，松开鼠标后在图像中需要修复的区域涂抹即可；选择"图案"后，可在"图案"面板中选择图案或自定义图案填充图像。

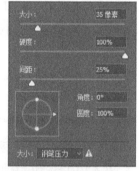

图4-42 画笔面板

对每个描边使用相同的位移：勾选此选项，下一次的复制位置会与上次的完全重合，图像不会因为重新复制而出现错位。

（3）修补工具 "修补工具"属性栏如图4-43所示。

图4-43 "修补工具"属性栏

修补模式：分为正常和内容识别两种模式。

正常模式：在图像上圈出需要修复的部位，把要修复的部位移动到相似的没有问题的部位，生成出来的填充区域会和原来的底层相互混合，效果会有点模糊、发暗。

内容识别模式：在图像上圈出需要修复的部位，把要修复的部位移动到相似的没有问题的部位，生成出来的填充区域会很清晰，因为它是把没有问题的区域和待修复区域周边的内容相互混合得出效果。

从目标修补源：当选中该单选按钮时，选定区域内的图像将被拖动释放后的图像区域所替代。

从源修补目标：选中该单选按钮，释放选区的图像区域将被源选区的图像区域所替代。

混合修补时使用透明度：选中该复选框，被选定区域内的图像效果呈半透明状态。

选择图案填充所选区域并对其进行修补，单击此按钮，将在图像文件中的选择区域内填充选择的图案，并且与原位置的图像产生混合效果。

（4）内容感知移动工具 "内容感知移动工具"属性栏如图4-44所示。

图4-44 "内容感知移动工具"属性栏

前面四个按钮，是对选区的建立方式，使用方法同"选区工具"。

选择重新混合模式：可以选择图4-45所示的两种模式：移动和扩展。

图4-45 重新混合的两种模式

移动：就是对选区里的内容进行移动操作，然后合成到图片中。

扩展：就是对选区里的内容复制一个，然后合成。

（5）红眼工具 "红眼工具"属性栏如图4-46所示。

图4-46 "红眼工具"属性栏

瞳孔大小：此选项用于设置修复瞳孔范围的大小。

变暗量：此选项用于设置修复范围颜色的亮度。

图4-47所示的红眼照片使用"红眼工具"修复以后的效果如图4-48所示。

图4-47 红眼照片

图4-48 修复红眼后的效果

⟫ 技能考核评价表

考核时间	考核项目	分值	自我评价	小组评价	教师评价	企业评价
40min	会使用仿制图章工具组	20				
	会使用修复工具组修复图像	30				
	会使用模糊工具组	10				
	会使用减淡工具组	10				
	整理计算机，保持整洁	10				
	团队合作意识	20				
合计		100				

⟫ 项目拓展

一、填空题

1）在Photoshop中定义图案时，就要首先将定义图案的部分选择，选择图案时使用的"选框工具"必须为 _____，且属性栏中的"羽化值"必须为 _____。

2）当使用"仿制图章工具"时，需要先按 _____ 键定义图案；在"图案图章工具"属性栏中选中 _____ 复选框，可以绘制类似于印象派艺术画的效果。

二、拓展训练

1）利用修复工具组的相关工具修复图4-49所示的图像。

2）利用"图案图章工具"使用图4-50所示的图案制作背景，使用"仿制图章工具"将图4-51所示图片中的文字去掉，并将图4-52所示的图片贴入，效果参照图4-53所示的图片。

图4-49　待修复图像

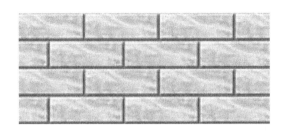

图4-50　素材图片1

图4-51　素材图片2

图4-52　素材图片3

图4-53　参考效果图

项目5　设计制作文字

 ▶ **项目概述**

　　文字和图片是设计的两大构成要素，在平面设计布局中，字体设计在平面设计中占据着举足轻重的作用，文字排列组合的好与坏，直接影响其版面的视觉传达效果。当使用Photoshop进行排版设计时，一定会进行字体的设计与制作。当在Photoshop软件中使用"文字工具"输入文字后，所做的操作就是使用字符面板对文字的字体、大小和间距等进行设置。　还可以通过图层样式面板，对字体进行高级特效设置。本项目通过介绍，使用"文字工具"创建字体，使用图层样式面板进行字体的高级特效设置。通过本项目的学习，大家要养成做事专注、精益求精、一丝不苟的精神。

职业能力目标

　　1）了解"文字工具"创建的基本方法。
　　2）熟练掌握使用字符面板调整文字图像对齐与分布的方法和技巧。
　　3）学会使用图层样式面板并对图像进行特效高级设置的技巧。

任务1　制作特效文字

▶ 任务情境

　　Photoshop进行文字设计时，只能选择系统自带的字体还是可以进行更高级的设计？答案是后者。Photoshop软件功能非常强大，不仅可以进行文字的输入及对齐与分布的操作，更拥有强大的图层样式面板，可以对文字进行高级的特效设置。今天就要重点学习使用Photoshop的图层样式面板进行特效文字的制作。

▶ 任务分析

　　本任务主要是使用Photoshop图层样式面板进行特效文字的制作，基本过程就是使用Photoshop"文字工具"输入文字，然后打开字符面板，对文字的字体、大小和间距等进行设置，使用图层样式面板对文字进行层层的特效制作，最终完成效果的制作。

▶ 任务实施

1. 制作背景

　　1）打开Photoshop软件，新建"宽度"为1890像素，"高度"为709像素，"分辨率"为300像素/英寸的文件。

2）选择"渐变工具"，将工具箱中的前景色设置为000000，背景色设置为272727，如图5-1所示，激活属性栏中的线性渐变按钮 ，将文件背景填充为前景到背景的线性渐变色。

图5-1　设置渐变颜色

2. 设置字体参数

1）单击工具面板中的"文字工具"按钮 **T**，输入文字"影视剪辑与包装专业"，在图层组中自动生成文字图层 **T** 影视剪辑与包装专业　　*fx*。

2）在字符面板修改文字的参数，字体：黑体；文字大小为41点，加粗效果，如图5-2所示，画面效果如图5-3所示。

图5-2　设置文字参数

图5-3　设置好的文字效果

3. 给文字添加图层样式效果

1）选择字体图层，单击图层面板下方的图层样式按钮 *fx*，打开图层样式面板，给文字添加图层样式效果，如图5-4所示。

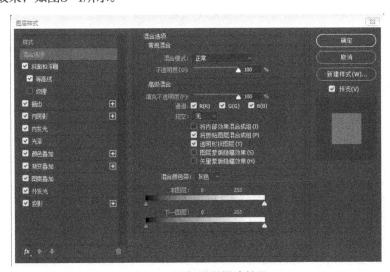

图5-4　添加图层样式效果

2）给文字添加"斜面和浮雕"效果 ■ 斜面和浮雕，设置"斜面和浮雕"效果的结构"样式"为"描边浮雕"，"方法"为"雕刻清晰"，"深度"为500%，"方向"为下，"大小"为10像素，"软化"为0像素，阴影"角度"为90度，"高度"为30度，"光泽等高线"为环形,勾选"消除锯齿"效果,"高光模式"为颜色减淡,颜色为白色(ffffff),"不透明度"为75%,"阴影模式"为正片叠底,颜色为黑色(000000),"不透明度"为70%,如图5-5所示。给文字添加"斜面和浮雕"样式后的效果如图5-6所示。

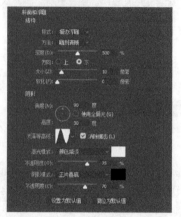

图5-5 "斜面和浮雕"样式

图5-6 文字添加"斜面和浮雕"的效果

3)给文字添加"等高线"效果 ,设置图素等高线为"环形-双",勾选"消除锯齿"选项,范围为100%,如图5-7所示。给文字添加"斜面和浮雕"样式后的效果如图5-8所示。

图5-7 "等高线"效果

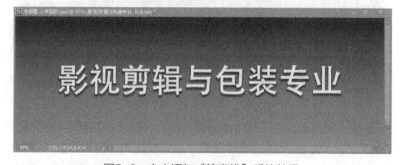

图5-8 文字添加"等高线"后的效果

4）给文字添加"描边"效果 ☑描边，设置结构"大小"为2像素，"位置"为外部，"混合模式"为正常，"不透明度"为100%，"填充类型"为渐变，进入"渐变编辑器"，设置当位置为0%时，颜色设置为浅灰色（#a4a5a8）；当位置为46%时，颜色设置为灰蓝色（#34515f）；当位置为100%时，颜色设置为深灰蓝色（#223136），如图5-9所示。

样式为线性，勾选"反向"，勾选"与图层对齐"，"角度"为90度，"缩放"为150%，如图5-10所示。给文字添加"描边"样式后的效果如图5-11所示。

图5-9 设置"渐变编辑器"参数

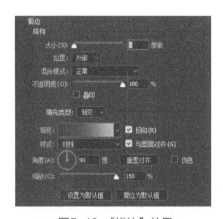

图5-10 "描边"效果

图5-11 文字添加"描边"的效果

5）给文字添加"内阴影"效果 ☑内阴影，内阴影结构的"混合模式"为"叠加"，颜色为黑色（#000000），"不透明度"为90%，"角度"为-90度，"距离"为35像素，"阻塞"为0%，"大小"为20像素，品质"等高线"为线性，"杂色"为0%，如图5-12所示。给文字添加"内阴影"样式后的效果如图5-13所示。

6）给文字添加"内发光"效果 ☑内发光，设置内发光结构"混合模式"为"颜色减淡"，"不透明度"为30%，"杂色"为5%，颜色为白色（#ffffff），图素"方法"为"柔和"，"源"为"边缘"，"阻塞"为0%，"大小"为1像素，品质"等高线"为线性，勾选"消除锯齿"选项，"范围"为50%，"抖动"为0%，如图5-14所示。给文字添加"内发光"样式后的效果如图5-15所示。

7）给文字添加"光泽"效果 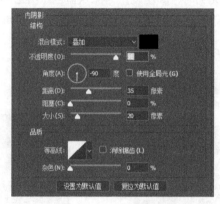，设置光泽结构"混合模式"为叠加，颜色为蓝色（#00a8ff），"不透明度"为140度，"距离"为100像素，"大小"150像素，"等高线"为滚动斜坡-递减，勾选"消除锯齿"选项，如图5-16所示。给文字添加"光泽"样式后的效果如图5-17所示。

图5-12 "内阴影"效果

图5-13 文字添加"内阴影"的效果

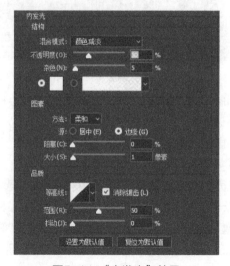

图5-14 "内发光"效果

图5-15　文字添加"内发光"的效果

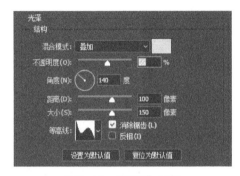

图5-16　"光泽"效果

图5-17　文字添加"光泽"的效果

8）给文字添加"颜色叠加"效果 ☑ 颜色叠加，设置颜色叠加颜色"混合模式"为"叠加"，颜色为黑色（#000000），"不透明度"为50%，如图5-18所示。给文字添加"颜色叠加"样式后的效果如图5-19所示。

图5-18　"颜色叠加"效果

图5-19　文字添加"颜色叠加"的效果

9）给文字添加"渐变叠加"效果 渐变叠加 ，设置渐变"混合模式"为"亮光"，"不透明度"为75%，进入"渐变编辑器"面板，设置当位置为0%时，颜色设置为深灰色（#333333）；当位置为15%时，颜色设置为中灰色（#6b6b6b）；当位置为27%时，颜色设置为浅灰色（#7f7f7f）；当位置为35%时，颜色设置为中灰色（#737373）；当位置为45%时，颜色设置为中灰色（#5e5e5e）；当位置为53%时，颜色设置为中灰色（#737373）；当位置为65%时，颜色设置为浅灰色（#b3b3b3）；当位置为69%时，颜色设置为浅灰色（#b3b3b3）；当位置为73%时，颜色设置为浅灰色（#b3b3b3）；当位置为85%时，颜色设置为中灰色（#8a8a8a）；当位置为100%时，颜色设置为深灰色（#3d3d3d），如图5-20所示。"样式"设为"线性"，勾选"与图层对齐"，"角度"为90°，缩放150%，如图5-21所示。给文字添加"渐变叠加"样式后的效果如图5-22所示。

10）给文字添加"图案叠加"效果 图案叠加 ，设置图案"混合模式"为"正常"，"不透明度"为100%，图案选择钢材拉丝效果，"缩放"设置为50%，勾选"与图层链接"选项，如图5-23所示。给文字添加"图案叠加"样式后的效果如图5-24所示。

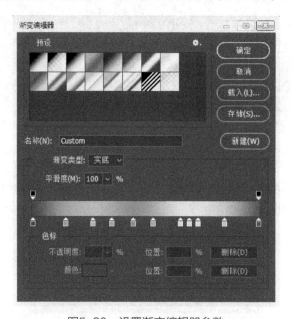

图5-20　设置渐变编辑器参数

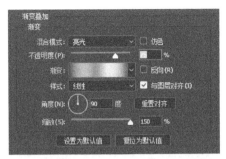

图5-21 "渐变叠加"效果

图5-22 文字添加"渐变叠加"的效果

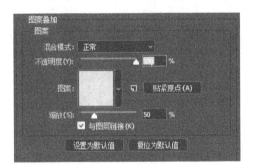

图5-23 "图案叠加"效果

图5-24 文字添加"图案叠加"后的效果

11）给文字添加"外发光"效果 ☑外发光 ，设置结构"混合模式"为颜色减淡，"不透明度"为50%，"杂色"为0%，颜色填充为蓝色（#52c0ff），图素"方法"为柔和，"扩展"为10%，"大小"为30像素，品质"等高线"为线性，"范围"为50%，"抖动"为0%，如图5-25所示。给文字添加"外发光"样式后的效果如图5-26所示。

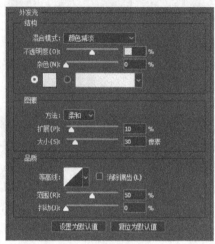

图5-25 "外发光"效果

图5-26 文字添加"外发光"的效果

12）给文字添加"投影"效果 ☑投影 ，设置结构"混合模式"为正片叠底，填充颜色为黑色（#000000），"不透明度"为85%，"角度"为90°，"距离"为10像素，"扩展"为30%，"大小"为10像素，品质"等高线"为线性，勾选"消除锯齿"选项，"杂色"设为0%，勾选"图层挖空投影"选项，如图5-27所示。给文字添加"外发光"样式后的效果如图5-28所示。

13）按<Ctrl+S>组合键，将文件命名为"影视剪辑与包装专业特效文字.PSD"保存。

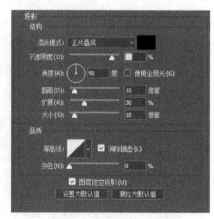

图5-27 "投影"效果

图5-28 特效文字

▶ 知识加油站

1. 文字工具的使用方法

文字工具组是用来创建文字的，其中包括四个工具："横排文字工具""直排文字工具""直排文字蒙版工具"和"横排文字蒙版工具"，如图5-29所示。

在列表中单击选择某一个文字工具，鼠标指针变为光标状，在画布中单击鼠标，即可输入文字。图5-30所示为四种文字输入效果，其中直排和横排文字蒙版工具输入后为选区。

图5-29 文字工具组

图5-30 四种文字输入效果

2. 文字字符面板的属性栏

"文字工具"的属性面板如图5-31所示。

图5-31 "文字工具"的属性面板

"字体"选项：通过字符的字体选择面板，设置文字字体。

"字体大小设置"按钮：在图像中创建文字时，可以单击此工具，对文字的字

号大小进行设置。

(自动) "设置行距"按钮：在图像中创建多行文字时，全选输入的多行文字，通过此按钮参数，设置文字行与行之间的距离，如图5-32所示。

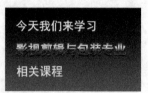

图5-32　文字行距设置

0 "设置两个字符间的字符微调"：设置两个字符之间的距离。

0 "设置所选字符的字距调整"按钮：在图像中输入多个文字时，全选输入的多个文字，通过此按钮参数，设置文字之间的间距大小，如图5-33所示。

图5-33　文字间距设置

100% "垂直缩放"按钮，设置当前字符的长度，如图5-34所示。

图5-34　垂直缩放设置

100% "水平缩放设置"按钮，设置当前字符的宽度，如图5-35所示。

图5-35　水平缩放设置

0点 "设置基线偏移"按钮，设置文本间的基线位移大小，如图5-36所示。

图5-36　设置基线偏移

颜色： "颜色设置"按钮，设置文字的颜色，如图5-37所示。

图5-37　颜色设置

任意单击一个图标，文字可以显示不同的效果。包括设置文字的加粗、斜体、全部字母大写、小型大写字母、文字上标、文字下标、文字下划线和文字删除线等效果。

3. 图层样式的属性面板

单击图层面板下面的图层样式图标，给文字添加图层样式效果，图层样式面板如图5-4所示。

图层样式面板包括以下参数：

"斜面和浮雕"：打开"斜面和浮雕"面板，如图5-5所示。勾选此选项，设置相关参数，可以为所选文字添加"斜面和浮雕"效果，如图5-38所示。

☑描边 描边：打开"描边"面板，如图5-10所示。勾选此选项，设置相关参数，可以为所选文字添加"描边"效果，如图5-39所示。

图5-38　添加斜面与浮雕效果　　　　图5-39　添加描边效果

☑内阴影 内阴影：打开"内阴影"面板，如图5-12所示。勾选此选项，设置相关参数，可以为所选文字添加"内阴影"效果，如图5-40所示。

☑内发光 内发光：打开"内发光"面板，如图5-14所示。勾选此选项，设置相关参数，可以为所选文字添加"内发光"效果，如图5-41所示。

图5-40　添加内阴影效果　　　　　图5-41　添加内发光效果

☑光泽 光泽：打开"光泽"面板，如图5-16所示。勾选此选项，设置相关参数，可以为所选文字添加"光泽"效果，如图5-42所示。

☑颜色叠加 颜色叠加：打开"颜色叠加"面板，如图5-18所示。勾选此选项，设置相关参数，可以为所选文字添加"颜色叠加"效果，如图5-43所示。

图5-42　添加光泽效果　　　　　图5-43　添加颜色叠加效果

☑渐变叠加 渐变叠加：打开"渐变叠加"面板，如图5-21所示。勾选此选项，设置相关参数，可以为所选文字添加"渐变叠加"效果，如图5-44所示。

☑图案叠加 图案叠加：打开"图案叠加"面板，如图5-23所示。勾选此选项，设置相关参数，可以为所选文字添加"图案叠加"效果，如图5-45所示。

图5-44　添加渐变叠加效果　　　　图5-45　添加图案叠加效果

外发光：打开"外发光"面板，如图5-25所示。勾选此选项，设置相关参数，可以为所选文字添加"外发光"效果，如图5-46所示。

投影：打开"投影"面板，如图5-27所示。勾选此选项，设置相关参数，可以为所选文字添加"投影"效果，如图5-47所示。

图5-46　添加外发光效果　　　　　　　　　　图5-47　添加投影效果

任务2　设计海报文字

≫ 任务情境

电影已经深入人们的生活，无论是进电影院观看电影，还是在网络视频播放器上在线或下载观看电影，人们的选择范围越来越大，那么靠什么来吸引大众的视线呢？电影海报此时就变得越来越重要。文字作为海报设计中必不可少的要素之一，是传达电影信息的重要手段，使文字出彩也是海报设计的重中之重。

≫ 任务分析

使用"渐变工具"给海报文件添加背景效果，在设计好的海报背景图上输入主体文字，添加图层样式效果，在图层左下角添加辅助文字信息，最后输入文字内容"AIR CONDITION"，排好版，把它放在主题文字下方，完成最终效果。

≫ 任务实施

1. 制作海报背景

1）打开Photoshop软件，新建一个"宽度"为722像素，"高度"为1008像素，"分辨率"为300像素/英寸的文件，如图5-48所示。

图5-48　设置图像大小

2）单击"渐变工具" 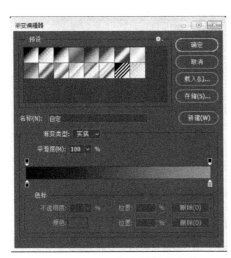，单击渐变编辑器按钮 ，进入"渐变编辑器"界面，如图5-49所示。当位置为0%时，颜色设置为深蓝色（＃010121）；当位置为100%时，颜色设置为浅蓝色（＃215afd）。选择径向渐变工具，给背景填充径向渐变背景效果，如图5-50所示。

图5-49　设置渐变编辑器参数

图5-50　给背景添加径向背景效果

3）打开任务2文件夹中的"空调制冷剂的加注海报背景.PSD"素材，给文件添加设计好的海报背景效果，如图5-51所示。

图5-51　给文件添加设计好的海报背景效果

2. 添加海报主体文字

1）选择字体 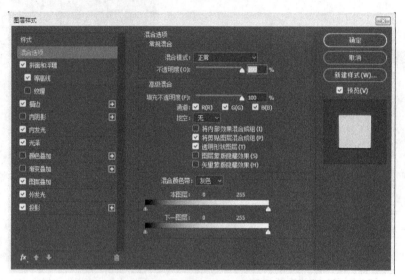 输入海报主题文字：空调制冷剂的加注。给文字添加图层样式效果，勾选斜面和浮雕选项 、等高线选项 、描边选项 、内发光选项 、光泽选项 、图案叠加选项 、外发光选项 、投影选项 和参数默认设置即可，如图5-52所示。给文字添加图层样式效果如图5-53所示。

图5-52 图层样式效果面板

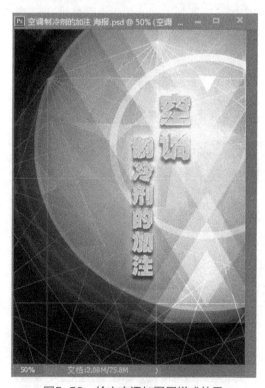

图5-53 给文字添加图层样式效果

2）打开任务2中的"钢铁材质.JPG"，"stainess1.JPG"素材，按住<Alt>键的同时单击"stainless-steel"图层与"空调制冷剂加注"文字图层两个图层之间，创建剪贴蒙版。当将鼠标移到两个图层之间的横线时，按住<Alt>键，就会出现指向下面一个图层的图标，然后单击为图层创建剪贴蒙版，如图5-54所示。使用同样的方法给"钢铁材质"图层和"空调制冷剂加注"文字图层创建剪贴蒙版，如图5-55所示。画面完成效果如图5-56所示。

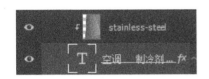

图5-54　为文字图层创建剪贴蒙版（一）

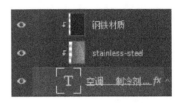

图5-55　为文字图层创建剪贴蒙版（二）

图5-56　画面完成效果

3. 添加海报辅助文字

1）在图层左下角添加辅助文字信息，为文字添加颜色叠加效果，如图5-57所示，画面效果如图5-58所示。

图5-57　为图层添加"颜色叠加"效果

2）隐藏图层面板中的"主体文字"图层文件夹，选择字体"Devil Breeze" Devil Breeze ，设置字体大小为23点，设置文字行距为22点，输入文字"AIR CONDITION"，如图5-59所示。选择字体"Devil Breeze" ，设置字体大小为"15.87点"，设置文字行距为"22.42点"，输入文字"05.10.2015"，如图5-60所示。放在背景上合适的位置，打开隐藏的图层面板中的"主体文字"文件夹图层，完成最终效果的制作，如图5-61所示。

3）按<Ctrl+S>组合键，将文件命名为"空调制冷剂的加注海报特效文字.PSD"保存。

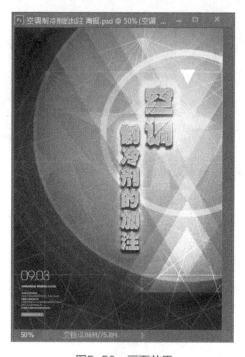

图5-58 画面效果

图5-59 设置文字相关参数（一）

图5-60 设置文字相关参数（二）

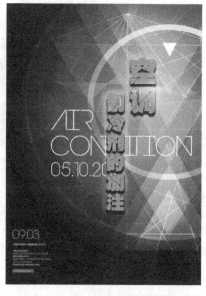

图5-61 空调制冷剂的加注海报

➤➤ 技能考核评价表

考核时间	考核内容	分值	自我评价	小组评价	教师评价	企业评价
40min	正确创建文字	20				
	选择合适字体、大小及颜色	20				
	文字的对齐和分布	30				
	整理计算机，保持整洁	10				
	团队合作意识	20				
	合计	100				

➤➤ 项目拓展

一、填空题

1）Photoshop的"文字工具"内含四个工具，分别是＿＿＿＿＿＿＿、＿＿＿＿＿＿＿、
＿＿＿＿＿＿和＿＿＿＿＿＿。

2）给文字添加图层样式效果，单击图层面板的＿＿＿＿＿＿按钮添加。

3）左对齐多行文字，选择"文字工具"＿＿＿＿＿＿工具按钮。

二、选择题

下列（　　）可以使英文字母更改为"全部大写字母"效果。

A. 　　　B. 　　　C. 　　　D.

三、拓展训练

1）利用"横排文字工具"、字符面板和"图层样式工具"绘制图5-62所示的特效文字
"金色年华"。

2）利用图5-63所示的素材图片"空调制冷剂加注"背景图片设计一款海报，要求"宽
度"为862像素，"高度"为439像素，"分辨率"为72像素/英寸，输入主题文字"空调制
冷剂的加注"并进行文字特效的设计与制作。

图5-62　制作特效文字"金色年华"

图5-63　"空调制冷剂加注"背景图片

项目6　制作3D效果

项目概述

从Photoshop CS4开始，就提供3D立体的模式，让Photoshop也能做出3D的三维效果。当时做3D立体文字，大多通过Illustrator，将文字变成立体后，再汇入Photoshop进行材质的制作。但Photoshop CC 2017推出后，在3D技术方面也有所改进，例如它加强了3D场景面板的转换功能，让2D转向3D更加容易；更高级的预览功能。除此之外，还可以亲手制作发光效果、照明效果、灯泡光环以及各种纹理等。本项目将通过任务对3D功能进行详细的介绍。

> **职业能力目标**
>
> 1）了解3D工具的基本概念、操作方法和应用特点。
> 2）熟练掌握从2D图像创建3D对象的使用方法和应用技巧。
> 3）学会综合运用3D工具的特点制作出各种奇妙的产品造型和立体包装设计效果。

任务1　设计精致的立体标牌

➤ 任务情境

大家不要认为Photoshop只是一个二维软件，如今Photoshop也加入了3D功能，且功能相当强大。可以基于2D对象，如图层、文字和路径等生成各种基本的3D对象，创建3D对象后，可以在3D空间移动它，更改渲染设置，添加光源或将其与其他3D图层合并，制作出不同的产品造型。

➤ 任务分析

本任务是一个Photoshop中3D立体标牌制作（这里没有做材质贴图，用了简单的渐变加以说明）。后面带出几个Photoshop中3D场景搭建做贴图要注意的点，过程中也涉及了一些光效制作的方法，如新版本Photoshop CC中智能对象关联的智能滤镜的使用，"快速导出PNG"等。希望大家在使用Photoshop时能够更加规范，逻辑更加清晰。

≫ 任务实施

1. 制作基础图形

1）新建一个"宽度"为1000像素，"高度"为800像素，"分辨率"为72像素/英寸的文件，背景设置为深灰色（#282424），如图6-1所示。

图6-1 "新建文件"对话框

2）按<Shift+Ctrl+N>组合键新建一个图层命名为背景墙，绘制一个圆角矩形，填充灰色#bdbdbd，如图6-2所示。

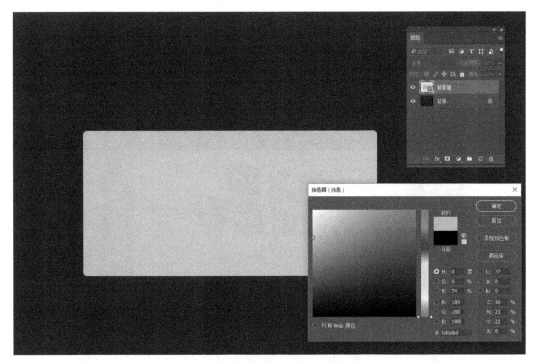

图6-2 绘制圆角矩形

3）给背景墙加一点质感，将圆角矩形转换为智能对象，这里使用"滤镜"→"杂色"→"添加杂色"命令操作，杂色不易添加过多，适量即可，如图6-3所示。

图6-3 "滤镜"→"添加杂色"对话框

4）输入自己喜欢的文字，把文字整体效果排好版，然后转换成智能对象，如图6-4所示。

图6-4 "文字排版"效果

2. 制作3D效果

1）选择文字图层，单击"3D"菜单栏中"从所选图层新建3D模型"选项，在属性面板取消"投影"选项，如图6-5和图6-6所示。

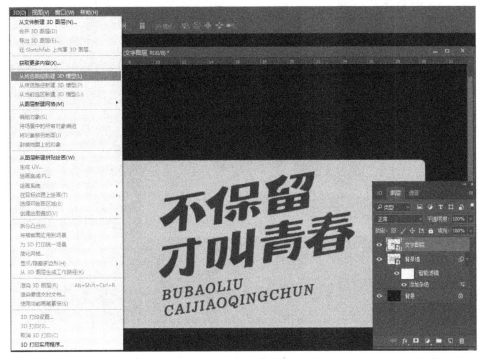

图6-5 "创建3D图层"对话框

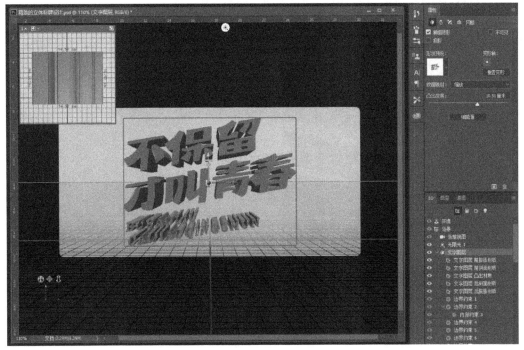

图6-6 "立体文字"的图像效果

2）选中"背景墙"图层，单击"3D"菜单栏中"从所选图层新建3D模型"选项，如图6-7所示。

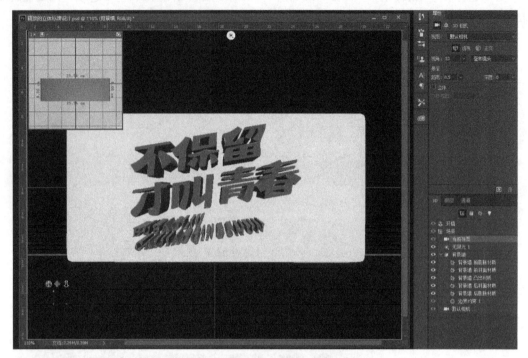

图6-7 "3D立体背景墙"的图像效果

3）同时选中这些刚才进行了3D操作的图层，单击"3D"菜单栏中"合并3D图层"选项，在3D窗口中选择当前视图，可以转换视图，如图6-8所示。

图6-8 "调整视角"的图像效果

4）此时，可以在3D窗口看到预渲染视图了，不管怎么调整视图，单击预渲染视图即可回到预设好的角度，方便临时切换视图，如图6-9所示。

图6-9 "存储预渲染"的对话框

5）点开文字图层的三角，选中文字图层的材质图层，给文字图层添加颜色材质，单击"3D"菜单栏中"渲染3D图层"选项，如图6-10和图6-11所示。

图6-10 "添加文字材质"的图像效果

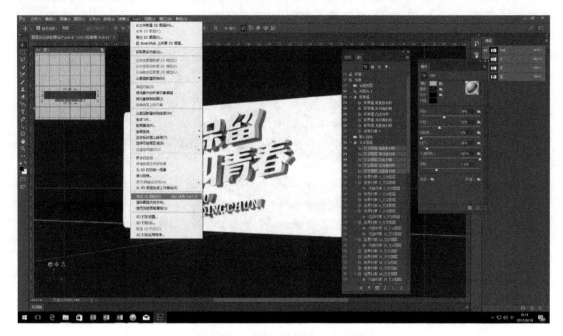

图6-11 "渲染3D图层"的图像效果

6）渲染3D图层之后，回到图层面板，转换成智能对象，新建亮度对比度调整图层，提高亮度，按<Ctrl+M>组合键，为它添加一个智能曲线，加大对比，如图6-12～图6-14所示。

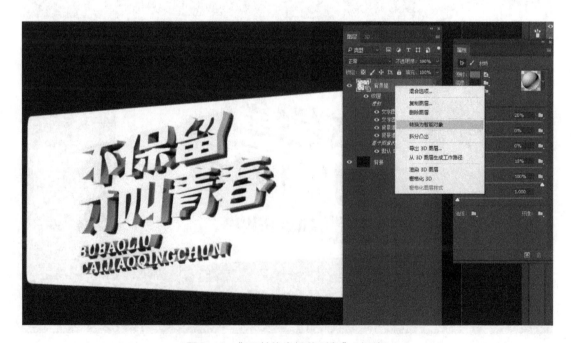

图6-12 "3D转换为智能对象"对话框

图6-13　"添加亮度/对比度"的图像效果

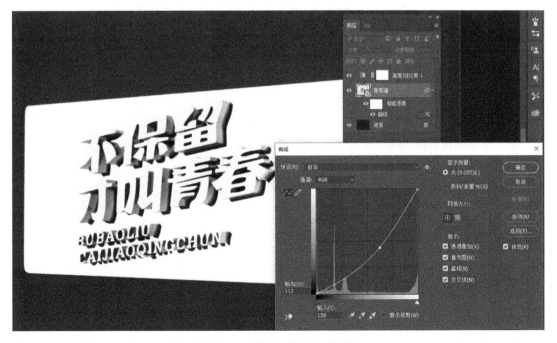

图6-14　"添加曲线"对话框

7）最后使用"多边形套索工具"绘制出一个长阴影形状，填充黑色，调整图层的不透明度，得到最终效果，如图6-15所示。

图6-15　精致的立体标牌设计

任务2　制作产品包装盒立体效果

▶▶ 任务情境

本任务是葡萄的包装盒立体效果的设计，纸盒的包装为葡萄提供了足够的保护和容纳空间。包装装潢以产品的展示为主体，使顾客能第一时间看到产品的酷炫外观，以留下深刻印象。配合丰富的背景画面以及文字介绍，能够为顾客带来高品质的观感和对产品性能的进一步了解。本例中将使用3D工具命令来创建3D模型，并将设计好的图形应用到模型表面，以直观地表现包装设计的效果。

▶▶ 任务分析

首先有一个设计完的包装盒平面图，把每个面导出JPG并把各个面命名。记住一定要是RGB格式的。包装盒的尺寸是38厘米×28厘米×11.5厘米，在以前的Photoshop版本中正方体的尺寸不是以毫米为单位的，是百分比，所以不用管它，新版本Photoshop CC 2017中3D工具中正方体可以精确设置，把正方体各个面的材质，用命名好的面贴到材质球上，精确表现出实际的包装设计效果。

▶ 任务实施

1. 制作正方体

1）新建一个"宽度"为60厘米，"高度"为40厘米，"分辨率"为150像素/英寸的文件，背景设置为深灰色（#282424），如图6-16所示。

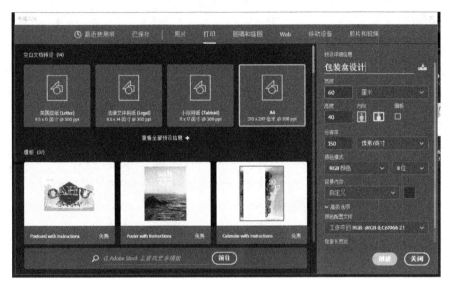

图6-16 "新建文件"对话框

2）创建一个新图层，选择"3D"→"从图层新建网格"→"网格预设"→"立方体"命令，单击3D面板，分别设置好立方体的长为38厘米、宽为28厘米、高为11.5厘米，并调整当前视图的视觉角度，如图6-17和图6-18所示。

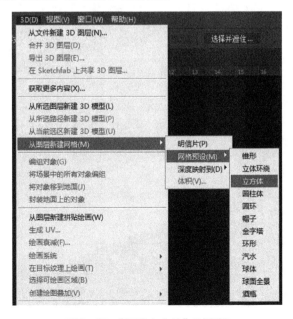

图6-17 "新建立方体"对话框

图6-18 "调整视角"后的图像效果

2. 贴材质调灯光渲染

1）展开立方体根目录，按住<Ctrl>键把各个面的材质都选上，单击材质球，这里有好多球，选择无纹理的那个，然后分别对每个面添加贴图，单击漫反射右边的三角按钮替换纹理，如图6-19～图6-21所示。

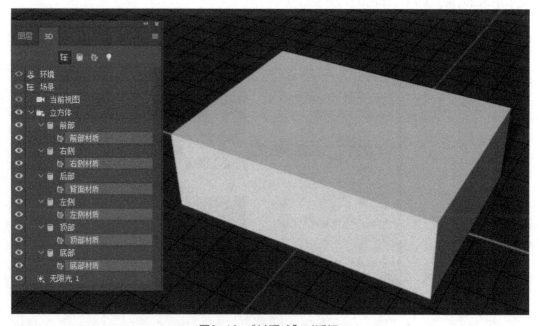

图6-19 "材质球"对话框

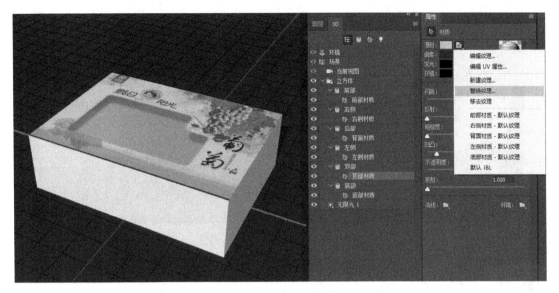

图6-20 "替换纹理"对话框

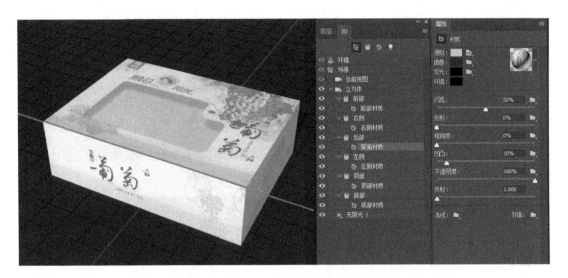

图6-21 "立方体贴完材质"后图像效果

2）一个完美的包装盒就展现在面前，接下来就是调整灯光，单击"3D控制面板"→"无限光1"，选择"预设"→"默认光"命令，这时就会看到，3D控制面板出现一个"无限光2"，单击下面的小灯泡新建无限光，这个灯用来给暗面补光，建立完灯光后会发现视图里变得特别亮，把两个灯的亮度和角度调整一下，柔和度也调一下，因为只需要一个投影，所以把"无限光2"的阴影勾选掉，一边调一边点渲染来预览效果，渲染几秒就行，一直到满意为止，如图6-22～图6-24所示。

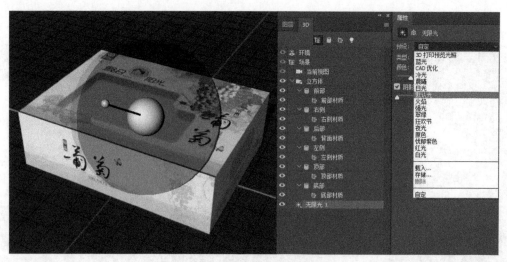

图6-22 "设置无限光"对话框

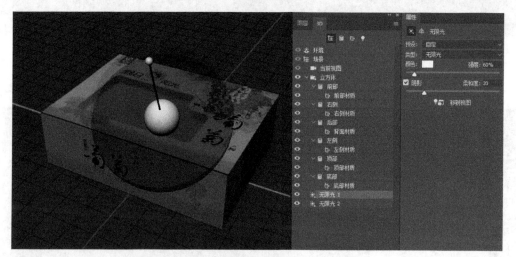

图6-23 "调整无限光1属性"对话框

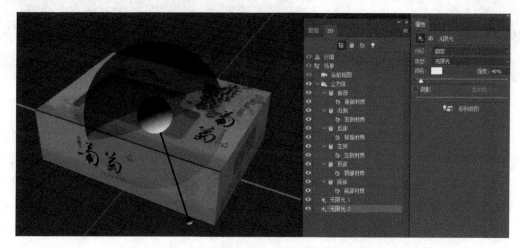

图6-24 "调整无限光2属性"对话框

3）回到图层面板，在背景图层添加一个渐变效果，颜色分别为深灰色（#282828）和中灰色（#585757），沿着右上角向左下角拖动，单击3D属性面板右下角的渲染按钮，进行最终渲染，接下来就是漫长的等待。最后给渲染好的图像新建亮度对比度调整图层，提高亮度，加大对比，增强质感，得到最终效果，如图6-25～图6-27所示。

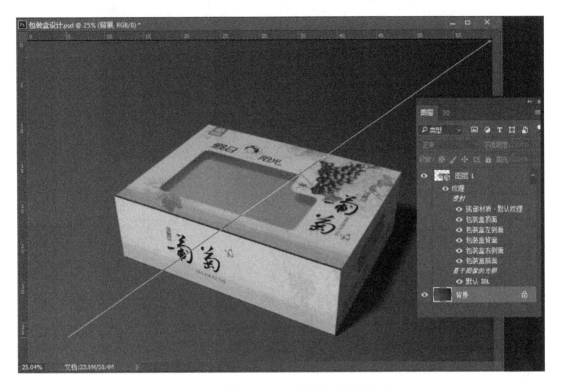

图6-25 "背景图层添加渐变"后图像效果

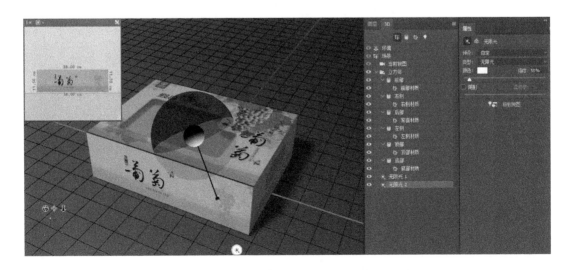

图6-26 "3D属性面板右下角的渲染按钮"位置

图6-27　包装盒设计

　知识加油站

1. 3D对象和相机工具

当选定3D图层时，会激活"3D对象工具"和"3D相机工具"。使用"3D对象工具"可更改3D模型的位置或大小，使用"3D相机工具"可更改场景视图。如果系统支持OpenGL，还可以使用3D轴来操作3D模型和相机，如图6-28所示。

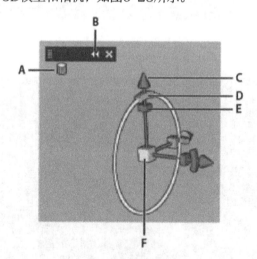

图6-28　3D轴

A—选定工具　B—使3D轴最大化或最小化　C—沿轴移动项目
D—旋转项目　E—压缩或拉长项目　F—调整项目大小

3D轴显示3D空间中模型、相机、光源和网格的当前X、Y和Z轴的方向。当选择任意3D工具时，都会显示3D轴，从而提供了另一种操作选定项目的方式。

2．从2D图像创建3D对象

Photoshop可基于2D对象，如图层、文字和路径等生成各种基本的3D对象。创建3D对象后，可以在3D空间移动它，更改渲染设置，添加光源或与其他3D图层合并。

1）打开项目6素材文件夹素材01图片，使用"横排文字工具"输入文字"绿意盎然"，如图6-29所示。

2）单击菜单"3D"-"从所选图层新建3D模型"，创建3D文字，选择"移动工具"，选中文字，在属性面板中为文字选择凸出样式，设置"凸出深度"为6厘米，如图6-30所示。

图6-29　在图片上输入文字

图6-30　设置文字属性

3）使用"旋转3D对象工具"调整文字的角度和位置，单击场景中的光源，调整它的照射方向和参数，如图6-31所示。

4）单击"3D"面板底部"新建无线光"按钮，新建一个光源，取消"阴影"选项的勾选，设置"强度"为62%，调整光源位置，如图6-32所示，得到最终效果。

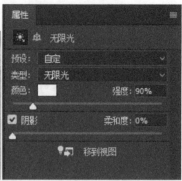

图6-31　调整光源属性

图6-32　最终效果

3. 3D轴移动、旋转或缩放选定项目

要使用3D轴，请将鼠标指针移到轴控件上方，使其高亮显示，然后按如下方式进行拖动[提示：可用的轴控件随当前编辑模式（对象、相机、网格或光源）的变化而变化]：

1）要沿着X、Y或Z轴移动选定项目，请高亮显示任意轴的锥尖。以任意方向沿轴拖动。

2）要旋转项目，请单击轴尖内弯曲的旋转线段。将会出现显示旋转平面的黄色圆环。围绕3D轴中心沿顺时针或逆时针方向拖动圆环。要进行幅度更大的旋转，请将鼠标向远离3D轴的方向移动。

3）要调整项目的大小，请向上或向下拖动3D轴中的中心立方体。

4）要沿轴压缩或拉长项目，请将某个彩色的变形立方体朝中心立方体拖动，或拖动其远离中心立方体。

5）要将移动限制在某个对象平面，请将鼠标指针移动到两个轴交叉（靠近中心立方体）的区域。两个轴之间出现一个黄色的"平面"图标，向任意方向拖动。还可以将指针移动到中心立方体的下半部分，从而激活"平面"图标。

 **技能考核评价表**

考核时间	考核项目	分值	自我评价	小组评价	教师评价	企业评价
40min	正确创建3D图层	10				
	调整3D图层属性	10				
	光源命令的运用	30				
	物体的最终渲染	20				
	整理计算机，保持整洁	10				
	团队合作意识	20				
	合计	100				

 **项目拓展**

一、填空题

1）3D文件包含_____、_____和_____等组件。其中，网格相当于3D模型的_____，材质相当于3D模型的_____；光源相当_____，可以使3D场景亮起来，让3D模型可见。

2）网格提供了3D模型的底层结构。通常，网格看起来是由成千上万个单独的多边形_____的线框，在Photoshop中，可以在多种渲染模式下查看_____，还可以分别对每个网格进行操作。

二、拓展训练

根据任务1中介绍的方法，利用所给素材图片（见图6-33），结合本项目的3D制作技巧，为娱乐会所制作一张背景图片，要求使用"3D工具"及Photoshop图像处理技巧制作，效果如图6-34所示。

图6-33　拓展训练素材

图6-34　完成效果

项目7 创建路径和矢量图形

 **≫ 项目概述**

在Photoshop CC中，要想绘制较为精确细致的图形往往要使用矢量图形工具，路径就是重要的矢量图形工具，它是由一系列点连接起来的线段，具有强大的可编辑性及光滑曲率属性。用户可以根据需要将其转换成选区，以进行填充和描边等操作。在复杂图形的绘制和光滑区域的精确选取中，有着其他工具不可比拟的优势。

路径可以使用钢笔、形状或直线等多种工具创建，也可以和选区之间相互转换。本项目将通过三个具体案例的详细讲解，让大家掌握"钢笔工具"及其他矢量图形工具的使用方法。

职业能力目标

1）了解Photoshop CC中各种路径和矢量图形工具的基本功能和特点。

2）熟练掌握利用"钢笔工具"绘制、编辑路径的方法和技巧。

3）学会使用路径选取复杂图像区域，以进行精确抠图等应用。

任务1　隶书变黑体

≫ 任务情境

提到文字变形，大家最容易想到的是使用Photoshop中的"变形文字工具"对文字进行变形处理，但这种变形的局限性太大。能不能随心所欲地对文字本身进行变形呢？回答当然是肯定的。通过对字体的设计制作，体会中华民族的瑰宝汉字的魅力。

≫ 任务分析

本任务是利用"路径工具"将隶书"和"字变成黑体"和"字。主要操作有：输入文字创建工作路径、添加和删除锚点、选择路径和锚点以及转换锚点类型、移动锚点等路径的编辑操作，然后将路径转化为选区，最后填充颜色完成字体的变形操作。

≫ 任务实施

1. 制作背景

1）按<Ctrl+N>组合键，打开"新建"对话框，设置"名称"为"隶书变黑体"，"宽度"为800像素，"高度"为800像素，"分辨率"为96像素/英寸，"颜色模式"为"RGB

颜色", 单击"确定"按钮, 创建一个新的图像文件。

2) 打开配套素材"7-1.JPG", 使用"移动工具" ⊞拖动图像到"隶书变黑体.PSD"文件中。将新形成的"图层 1"更名为"田字格"。

2. 书写文字

1) 使用"横排文字工具"输入黑体"和"字, 设置字体为"黑体", 大小为"600", 颜色为"#000000"。将图层更名为"黑体和"。字符面板设置如图7-1所示。

2) 在图层面板中同时选中所有图层, 垂直居中和水平居中所有图层: 分别单击按钮⊞和按钮⊞。

3) 使用<Ctrl+J>组合键复制"黑体和"图层, 将新图层更名为"隶书和", 在字符面板中将字体设置为"隶书"。在图层面板中将"黑体和"图层的透明度设置为"50%", 结果如图7-2所示。

4) 仔细观察对比黑体和隶书两种字体的区别。确保当前层为"隶书和", 使用<Ctrl+T>组合键, 然后按住<Alt>键, 拖动鼠标左键调整隶书字"和"的高度, 使之与黑体字的高度基本一致, 结果如图7-3所示。

图7-1　字符面板设置　　　图7-2　隶书"和"　图7-3　调整高度后的"和"字

3. 创建并调整文字路径

1) 右击图层面板的"隶书和"图层, 在弹出的快捷菜单中选择"创建工作路径"命令, 隐藏"隶书和"图层, 结果如图7-4所示。

2) 选择"直接选择工具" ▪ ▸ 直接选择工具 A, 单击工作路径, 以显示工作路径锚点。选择"转换点工具" ▸ 转换点工具, 分别单击每一个锚点, 将工作路径中的所有曲线型锚点转换成直线型锚点, 结果如图7-5所示。

3) 下面从工作路径的左上部开始调整锚点。首先适当删除多余的锚点, 然后通过"转换点工具"单击拖动将部分锚点转化成曲线锚点。在调整过程中可能要用到的工具有: "转换点工具""直接选择工具""删除锚点工具"和"添加锚点工具", 微调锚点时可以配合键盘上的方向键进行细微调整, 调整结果如图7-6所示。

图7-4　创建的工作路径　　　图7-5　转换成直线型锚点后的路径　　　图7-6　左上部路径调整结果

4）按上一步所述方法，顺次调整路径的其他部分，必要时需要将图像放大到适当比例进行调整，以达到更高的精确度。注意到黑体字中的"捺"笔画是独立结构，和隶书不同，需要对其进行分离操作，如图7-7所示。

5）使用"添加锚点工具"在"捺"笔画路径的分离处添加两个锚点，如图7-8所示。

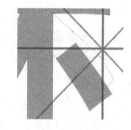

图7-7　需要分离的部分路径

6）使用"直接选择工具"选择分离处新添加的锚点，然后进行剪切操作将"捺"笔画分离出来，如图7-9所示。

7）使用"钢笔工具"分别单击需要闭合的两个锚点，按要求重新闭合相关锚点，并进行位置调整。隐藏"隶书和"和"黑体和"两个图层，结果如图7-10所示。

图7-8　添加两个锚点

图7-9　剪切锚点

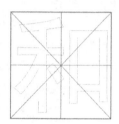

图7-10　闭合锚点

4. 路径转换成选区

1）在图层面板新建图层命名为"和"，将前景色设置为"#870761"，单击路径面板底部的"将路径作为选区载入"按钮■，结果如图7-11所示。

2）返回图层面板，选择"油漆桶工具" ，填充选区，按住<Ctrl+D>组合键取消选区，结果如图7-12所示。

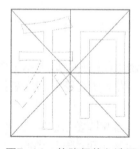

图7-11　将路径载入选区

图7-12　选区填色

3）按<Ctrl+S>组合键，以文件名"隶书变黑体.PSD"保存文件。

⟫ 知识加油站

1. "钢笔工具"简介

使用钢笔工具可以创建直线路径和曲线路径，能够手动创建各种复杂的图形形状。钢笔工具是一系列工具的总称，包括"钢笔工具""自由钢笔工具""添加锚点工具""删除锚点工具"和"转换点工具"，如图7-13所示。

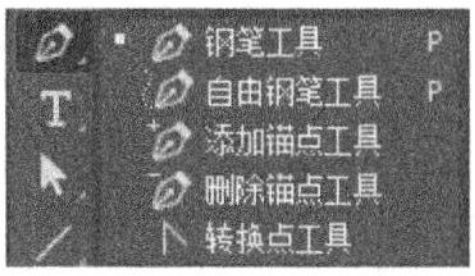

① [钢笔工具 P]：单击鼠标可以创建直线路径，单击并拖动鼠标可以创建曲线路径。

② [自由钢笔工具 P]：以鼠标拖动后形成的轨迹作为路径。

③ [添加锚点工具]：在路径中增加新的锚点。

④ [删除锚点工具]：删除路径中已有的锚点。

⑤ [转换点工具]：通过单击或单击拖动，以转换路径中锚点的类型。

图7-13 钢笔工具系列

2. "钢笔工具"属性栏

"钢笔工具"属性栏如图7-14所示。

图7-14 "钢笔工具"属性栏

① [路径 ∨]：包括形状、路径和像素三个选项。每个选项所对应的工具选项也不同。

② [建立: 选区 蒙版 形状]："建立"用于更加方便、快捷的使路径与选区、蒙版和形状之间进行转换。

③ [■]：路径操作，可以实现路径的相加、相减、相交以及排除等运算。

④ [■]：可以设置两条以上路径之间的对齐方式，也可以设置路径相对于画布的对齐方式。

⑤ [■]：设置路径之间的上下排列方式。

⑥ [✿]：橡皮带功能，可以设置路径在绘制的时候是否连续。

⑦ [☑自动添加/删除]：勾选此选项，当"钢笔工具"移动到锚点上时，"钢笔工具"会自动转换为删除锚点样式；当移动到路径线段上时，"钢笔工具"会自动转换为添加锚点的样式。

⑧ [对齐边缘]：当选择"形状"选项时，将矢量形状边缘与像素网格对齐。

3. 使用"钢笔工具"绘制直线

1）选择"钢笔工具" [钢笔工具 P]，在"钢笔工具"属性栏"类型"选项中选择"路径"。

2）在需要绘制线段的位置处单击鼠标，创建线段路径的第1个锚点。

3）移动鼠标到另一位置处单击，即可在该点与第1个锚点间绘制一条直线路径（同时按〈Shift〉键能够画出水平、垂直或其他45度角倍数的直线），如图7-15所示。

4）按照上述方法单击继续绘制其他锚点，直至最后将鼠标光标移到路径的第1个锚点处，单击鼠标即可创建一条封闭的路径，如图7-16所示。

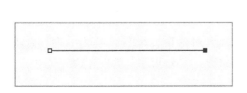

图7-15 绘制直线

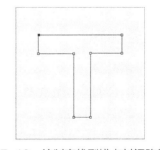

图7-16 绘制直线型锚点封闭路径

4. 使用"钢笔工具"绘制曲线

1）选择工具箱中的"钢笔工具"，在图像中单击绘制起点，然后单击绘制第二个锚点并按住鼠标左键拖动鼠标即可出现方向控制线（方向线的长短和方向决定了曲线的形态），如图7-17所示。

2）和绘制直线一样，单击起始的第一个锚点即可绘制一条封闭的曲线，如图7-18所示。

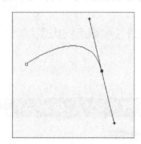
图7-17 曲线的方向控制线

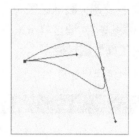
图7-18 封闭的曲线

任务2 绘制公司APP标志

▶ 任务情境

标志是一种具有象征性的大众传播符号，它以精练的形象表达一定的涵义，并借助人们的符号识别、联想等思维能力，传达特定的信息。标志传达信息的功能很强，在一定条件下，甚至超过语言文字，因此它被广泛应用于现代社会生活的方方面面。Photoshop CC中的"钢笔工具"属于矢量绘图工具，其优点是可以勾画平滑的曲线，在缩放或者变形之后仍能保持平滑效果，"钢笔工具"的强大功能完全能够胜任各种复杂标志的路径绘制任务。

▶ 任务分析

本任务的重点是使用"钢笔工具"绘制一个名为"云北"的企业（虚拟公司）APP标志的轮廓路径。基本过程包括：首先使用"圆角矩形工具"绘制背景，用"钢笔工具"绘制标志轮廓路径，对轮廓进行描边，最后添加图层样式完成APP标志的绘制等步骤，最终绘制结果如图7-19所示。

图7-19 APP标志绘制

▶ 任务实施

1. 制作背景

1）按<Ctrl+N>组合键，打开"新建文档"对话框，设置"名称"为"APP标志绘制"，"宽度"为400像素，"高度"为400像素，"分辨率"为96像素/英寸，"背景内容"为白色，单击"确定"按钮，创建一个新的图像文件。

2）选择"圆角矩形工具" □ 圆角矩形工具 U ，设置"选择工具模式"为"路径"

路径，半径为"100像素"。沿图像边界绘制圆角矩形，属性设置及效果如图7-20所示。

3）在路径面板中，单击下部按钮■将路径载入选区。设置前景色为"#0c3783"，新建图层名为"图层1"，使用"油漆桶工具"油漆桶工具　　　G填充选区。使用<Ctrl+D>组合键取消选区，结果如图7-21所示。

4）选择工作路径，按<Ctrl+T>组合键切换到变形状态，按<Shift+Alt>组合键的同时拖动鼠标按比例向中心缩小路径至合适位置。在路径面板中，单击下部按钮■将路径载入选区，结果如图7-22所示。

图7-20　绘制圆角矩形路径

图7-21　填充后的效果

图7-22　描边后的效果

5）选择"图层"→"新建"→"通过拷贝的图层"命令，或直接使用<Ctrl+J>组合键将选区拷贝成一个新的图层"图层2"，如图7-23所示。

6）单击"图层选项卡"窗口下方的"添加图层样式"fx按钮。打开"图层样式"对话框，设置"图层2"的"内阴影"效果，参数设置如图7-24所示，设置效果如图7-25所示。

图7-23　将选区拷贝成新图层

图7-24　内阴影参数设置

图7-25　内阴影设置效果

2. 绘制路径

1）选择"钢笔工具"钢笔工具　　P，设置"选择工具模式"为路径，在左下方位置由右向左方向通过单击鼠标绘制一段水平路径，在绘制第2个锚点时按<Shift>键，确保绘制的第1、2锚点在同一个水平位置上，如图7-26所示。

2）第3个锚点的绘制。在第2个锚点正上方单击，而后向右上方向拖动鼠标，路径曲线弧度合适后，按下<Alt>键的同时在第3个锚点上单击鼠标，绘制结果如图7-27所示。

3）采用绘制第3个锚点相同的方法，依次绘制第4、5、6锚点，其中第6锚点和第1、2锚点在同一水平线上，结果如图7-28所示。

 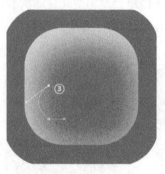 

图7-26　先绘制一小段水平路径　　　图7-27　第3个锚点　　　图7-28　第4、5、6锚点

4）绘制第7、8锚点。第7锚点在第6锚点水平方向左方，第8锚点在第7锚点垂直正上方向，通过单击鼠标直接绘制，结果如图7-29所示。

5）第9、10锚点的绘制方法和第3、4、5、6锚点的绘制方法相同，如图7-30所示。

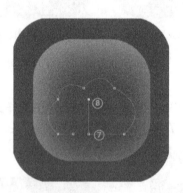 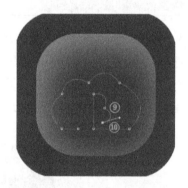

图7-29　第7、8锚点　　　　　　　　图7-30　第9、10锚点

3. 描边及添加图层样式

1）设置前景色为白色"#ffffff"。单击鼠标选中"画笔工具" ，画笔参数设置如图7-31所示。

2）新建图层"图层3"。使用"路径选择工具" 单击选中当前工作路径，在画布上右击鼠标，选择"描边路径"命令 描边路径… ，在弹出的对话框中选择画笔描边并确定，结果如图7-32所示。

3）单击"图层选项卡"窗口下方的"添加图层样式" 按钮，为"图层3"添加投影图层样式，参数设置如图7-33所示。至此标志绘制结束，效果如图7-19所示。将文件以"APP标志绘制.PSD"为文件名保存。

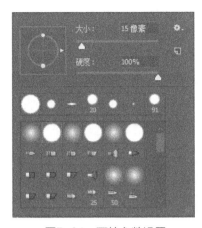

图7-31　画笔参数设置

图7-32　描边路径

图7-33　投影样式参数设置

⟫ 知识加油站

1. "自由钢笔工具"的使用

使用 绘图，就像用铅笔在纸上绘图一样，绘图时将自行添加锚点，用于绘制不规则路径。其工作原理与"磁性套索工具"相同，它们的区别在于前者是建立选区，后者是建立路径。

1）选择工具箱中的 ，在其属性栏不勾选"磁性的"选项，如图7-34所示。

图7-34　不勾选"磁性的"选项

2）按住鼠标左键，在画布中使用"自由钢笔工具"绘制路径，如图7-35所示。

3）按<Ctrl+Enter>组合键将绘制的路径转换为选区，设置从灰色到浅灰色的线性渐变填充选区，按<Ctrl+D>组合键取消选区，如图7-36所示。

图7-35　绘制路径

图7-36　线性渐变填充选区

2. 磁性钢笔选项（相关素材：7-19.JPG）

选择工具箱中的"自由钢笔工具"，在其属性栏勾选"磁性的"选项，如图7-34所示。磁性的选项可以沿图像颜色的边界绘制路径，类似于"磁性套索工具"。

1）单击"自由钢笔工具"属性栏选项左侧的按钮，从弹出的选项栏中可以设置"磁性自由钢笔工具"的参数，如图7-37所示。

① 曲线拟合：2像素 ：在绘制路径时控制路径的"灵敏度"，曲线拟合决定路径中锚点的多

少，数值越小，锚点越多；数值越大，锚点越少，范围是0.5～10.0。

② 宽度：10像素 ：可以调整路径选择范围，数值越大，选择的范围越大。

按<Caps Lock>键可以显示路径的选择范围。

③ 对比：10% ：可以设置"磁性钢笔"对比图像中边缘的灵敏度，使用较高的值只能探测与周围强烈对比的边缘，使用较低的值则探测低对比度的边缘。

④ 频率：57 ：决定路径上锚点的使用密度，值越大绘制路径时产生的锚点密度越大，范围是0～100。

⑤ 钢笔压力 ：在使用绘图板输入图像时，根据光笔的压力改变"宽度"值。

2）使用"磁性自由钢笔工具"在需要创建路径的颜色边界单击，然后松开按键拖动鼠标沿着颜色边界移动即可创建路径（在颜色分界不明显或者转折较急处可以单击鼠标，确定这些地方锚点的位置），直至最后单击起点封闭路径，如图7-38所示。

图7-37　参数设置

图7-38　沿树叶边界绘制路径

3. 锚点的添加与删除工具（相关素材：7-21.JPG）

为了精确地设置图形的路径轮廓，需要在已经建立的路径适当位置上添加或删除锚点，通常采用工具箱中的"添加锚点工具"和"删除锚点工具"，如图7-39所示。

也可以在使用"钢笔工具"时，在其属性栏中勾选"自动添加/删除"选项后，直接将"钢笔工具"移动到适当位置添加新锚点或删除已有锚点，如图7-40所示。

图7-39　添加和删除锚点工具

图7-40　自动添加或删除选项

1）使用"自由钢笔工具"绘制树叶路径轮廓，封闭路径后，发现路径与树叶的轮廓并没有精确吻合。因此应该进一步修改调整路径，在红框范围路径中需要适当添加锚点，在绿框处需要删除部分锚点，如图7-41所示。

2）使用"添加锚点工具"，在红框中路径转折处单击来添加锚点，然后使用"转换点工具"拖动方向控制线，以调整曲线的曲率，结果如图7-42所示。

图7-41　需要调整的锚点

3）使用"删除锚点工具"，在绿框处路径中单击删除部分锚点，然后使用"直接选择工具"对路径和锚点进行适当调整，结果如图7-43所示。

4）经过上述对锚点的添加、删除及调整操作后，形成较精确的树叶整体路径轮廓，如图7-44所示。

图7-42　添加锚点

图7-43　删除锚点

图7-44　调整后的路径

任务3　更换人物背景

➤ 任务情境

为了完成某一主题的设计目标，常常要在纷繁复杂的素材中分离出自己需要的特定内容，这时候就要进行抠图操作。抠图就是将图片素材中的不同部分进行分离，实际应用中的抠图，往往就是更换图片的背景。"钢笔工具"是一个非常强大的抠图工具，特别是在抠除复杂图像时起着较为重要的作用。

➤ 任务分析

本任务详细介绍了抠取图片素材中人物的完整过程。基本步骤是：使用"磁性自由钢笔工具"粗略绘制人物轮廓路径，对人物路径轮廓复杂转折处进行细化处理和对鞋带及内部间隙的单独操作处理，最后给抠出的人物重新添加背景以及给人物绘制阴影效果。

➤ 任务实施

1. 磁性钢笔工具绘制路径

1）按<Ctrl+O>组合键，打开任务素材"7-46.JPG"，另存文件名为"更换人物背景.PSD"文件。选择 ✐ 自由钢笔工具 P ，在选项栏中选择"路径"，选中"磁性的"复选框。调整图片显示比例，使得图像中的人物部分足够大且能完整显示。

2）使用设置好的"自由钢笔工具"，沿着人物外部轮廓绘制路径，如图7-45所示。

图7-45　沿人物外部轮廓绘制路径

2. 复杂转折处路径的细化处理

1）右手及报纸部分的路径调整。使用"缩放工具"充分放大右手及报纸部分，使用"直接选择工具"单击路径，以显示锚点。在适当的位置添加锚点，特别是矩形框中的转折处要充分地添加锚点，并使用"转换点工具"将曲线锚点转化成直线锚点，然后精确调整各锚点到每个转折点处（必要时可以使用键盘方向键进行细微调节），如图7-46所示。

2）脚部路径调整（左脚鞋带在后面的步骤中单独处理），如图7-47所示。在方框中转折处添加锚点，并使用"转换点工具"将锚点类型转换成直线型。使用"转换点工具"直接拖动绿色方框转折处锚点的来向和去向方向线控制柄，这样可以分别调整锚点两侧的曲线而不相互影响。

图7-46　右手及报纸部分的路径调整

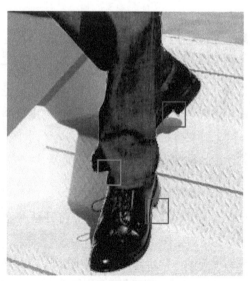

图7-47　脚部路径调整

3）按照上面所述1）、2）两步骤中调整路径的方法，对左手部分、颈部和头部（特别是耳朵和眼镜架处）的路径进行添加锚点、转换锚点、调整锚点位置及改变方向线的方向和长短等操作。特别注意，在调整过程中，为了达到精确的效果，往往要对局部细节进行放大处理，但是对于部分模糊边界的区分要恢复到实际像素才能比较准确地判断。结果如图7-48所示。

4）对剩余部分工作路径进行细致处理。整体外轮廓路径处理结束后，切换到路径工作面板，单击面板下部"将路径作为选区载入"按钮■。按<Ctrl+J>组合键，通过拷贝形成一个新图层"图层1"，隐藏背景图层的可见性，结果如图7-49所示。

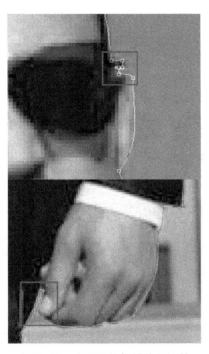

图7-48　右手及镜架处路径调整

图7-49　拷贝一个新图层（一）

3. 鞋带及内部间隙的处理

1）按<Alt>键的同时，单击背景图层的"指示图层的可见性"按钮■，只显示背景图层。使用"钢笔工具"，分别绘制左脚鞋带部分外部轮廓及内部间隙两个封闭路径，如图7-50所示。

2）同时选中两个工作路径并载入选区，按<Ctrl+J>组合键，通过拷贝形成一个新图层"图层2"。隐藏图层2以外其他图层的可见性，如图7-51所示。

3）同时选中图层1和图层2，右击弹出快捷菜单选择"合并成图层"命令，重新合并形成名为"图层1"的新图层。人物脚部效果如图7-52所示。

4）使用"自由钢笔工具"，选择选项栏中"路径"模式，勾选"磁性的"复选框，在图像左臂空隙处绘制路径。适当放大该部位的比例，使用前面步骤中的方法细致调整路径，如图7-53所示。

5）将当前工作路径载入选区，返回图层面板，按<Delete>键，删除图层1中选区内容，按<Ctrl+D>组合键取消选区，如图7-54所示。

6）仿照步骤4）的方法绘制并调整两腿之间间隙的工作路径，如图7-55所示。

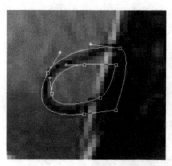

图7-50　鞋带处路径绘制　　图7-51　拷贝一个新图层（二）　　图7-52　人物脚部效果

图7-53　左臂空隙处路径的绘制　　图7-54　删除后的效果（一）　　图7-55　两腿之间间隙路径的绘制

7）采用和步骤5）同样的方法将路径载入选区，然后删除腿部间隙内容，如图7-56所示。

8）按照上述方法步骤处理右臂与报纸之间的间隙，结果如图7-57所示。

图7-56　删除后的效果（二）　　　　图7-57　右臂与报纸之间的间隙处理效果

4. 添加背景及绘制人物阴影

1）按<Ctrl+O>组合键，打开任务素材"7-47.JPG"，使用"移动工具" ⊕ ，将素材文件拖入"更换人物背景.PSD"文件中，并置于"图层1"的下方，如图7-58所示。

2）按<Ctrl>键的同时，单击"图层1"将人物载入选区，并将选区羽化10像素。单击图层面板下方的"新建图层"按钮建立名为"图层3"的新图层。将前景色设置为"#22323f"，使用 🪣油漆桶工具 [G] 填充选区，按住<Ctrl+D>组合键取消选区，如图7-59所示。

图7-58　导入素材　　　　　　　　　图7-59　填充选区

3）将"图层3"移至"图层1"的下方，按<Ctrl+T>组合键，进行旋转变形等变换操作，然后将"图层3"的透明度设置为"90%"，完成人物阴影部分的操作，结果如图7-60所示。将文件以"更换人物背景.PSD"为文件名保存。

图7-60　最终效果

**知识加油站**

"转换点工具"的使用

"转换点工具"（见图7-61）主要用于转换锚点类型，可以使直线锚点和曲线锚点相互转换。在使用"钢笔工具"时，按<Alt>键，可以将"钢笔工具"临时切换为"转换点工具"使用。

图7-61　转换点工具

1. 直线锚点转换成曲线锚点

1）使用"钢笔工具"，在属性栏中设置"选择路径模式"为"路径"，在画布上连续单击四次（第四次要回到起始锚点处单击，以封闭路径），绘制一个三角形路径，如图7-62所示。

2）将"钢笔工具"切换成 ⌐ 转换点工具 ，分别单击并按照"钢笔工具"绘制路径的顺序方向拖动各锚点，将每个直线锚点转换成曲线锚点，如图7-63所示。

3）删除相关历史记录，回到图7-62所示的直线锚点状态。使用"转换点工具"，按照"钢笔工具"绘制路径顺序相反的方向拖动各锚点，将每个直线锚点转换成曲线锚点，如图7-64所示。

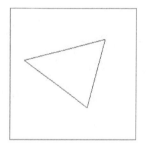
图7-62　三角形路径

图7-63　原方向拖动锚点

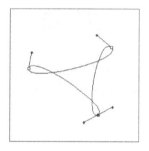
图7-64　反方向拖动锚点

2. 曲线锚点转换成直线锚点

1）选择 ◯ 椭圆工具 U ，将属性栏设置"选择路径模式"为"路径"，在画布中绘制一个椭圆路径，如图7-65所示。

2）选择"转换点工具"，分别单击路径中的各个锚点（单击时不可拖动鼠标），将曲线锚点转换成直线锚点，如图7-66所示。

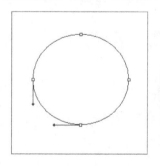
图7-65　椭圆路径

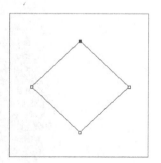
图7-66　转换后的效果

3. "转换点工具"的其他用法

"转换点工具"除上述功能外，还能使平滑曲线锚点转换成尖角曲线锚点、全曲线锚点转换成半曲线锚点。

> 说明如下：
>
> ① 平滑曲线锚点是指来向方向线和去向方向线成180度角的平角锚点，来向方向线和去向方向线夹角为非平角的锚点，为尖角锚点。
>
> ② 既有来向方向线又有去向方向线的锚点称为全曲线锚点，只有一条方向线的锚点称为半曲线锚点。

1）将平滑曲线锚点转换成尖角曲线锚点。

① 使用"钢笔工具"绘制具有三个锚点的一条曲线路径，如图7-67所示。

② 按<Alt>键，将"钢笔工具"切换成"转换点工具"，分别向上拖动中间锚点两根方向线的控制柄，即可使该平滑锚点转变成尖角锚点，如图7-68所示。

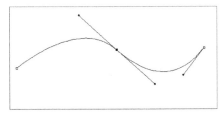
图7-67 曲线路径

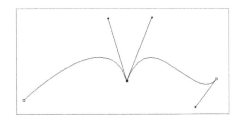
图7-68 尖角锚点

2）将全曲线锚点转换成半曲线锚点。

① 使用"钢笔工具"由左及右连续两次单击拖动绘制图7-69所示的路径。

② 按<Alt>键，将"钢笔工具"临时切换成"转换点工具"。单击刚绘制的第2个锚点，这样就删除了该锚点的去向方向线，将该锚点由全曲线锚点转换成了半曲线锚点。然后松开<Alt>键恢复"钢笔工具"，再单击数次就能绘制直线与曲线相连接效果的图形，如图7-70所示。

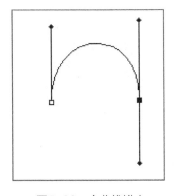
图7-69 全曲线锚点

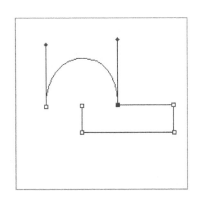
图7-70 直线与曲线路径相连接的效果

 **技能考核评价表**

考核时间	考核项目	分值	自我评价	小组评价	教师评价	企业评价
40min	使用"钢笔工具"绘制路径	30				
	使用"添加锚点工具"和"删除锚点工具"	10				
	使用"转换点工具"	30				
	整理计算机，保持整洁	10				
	团队合作意识	20				
	合计	100				

项目拓展

一、填空题

1）按_____键的同时，单击路径面板中的工作路径即可将路径载入选区。

2）使用"钢笔工具"绘制非封闭路径时，按_____键，同时在路径之外单击鼠标能够结束当前路径的绘制。

3）在使用"钢笔工具"绘制路径过程中，按住_____键可以将"钢笔工具"临时切换成"直接选择"工具；按住_____键可将"钢笔工具"临时切换成"转换点工具"。

二、拓展训练

1）利用钢笔、椭圆等路径绘制工具，制作图7-71所示的图形。

2）使用"钢笔工具"抠取所给素材图片"7-71.JPG"（图7-72）中的花朵。

图7-71 绘制效果

图7-72 花朵素材

项目8 使用通道和蒙版

 **项目概述**

在Photoshop中，"通道"和"蒙版"是两个不可缺少处理图像的利器。通道用来保存图像的颜色数据，就如同图层用来保存图像一样，同时，通道还可以用来保存遮罩，而蒙版是用来保护图像中需要保留的部分，使其不受任何编辑操作的影响。本项目将通过任务对这两个工具进行详细的介绍。

职业能力目标

1）了解通道和蒙版的基本概念、操作方法和应用特点。
2）熟练掌握通道和蒙版的使用方法和应用技巧。
3）学会综合运用通道和蒙版的特点制作出各种奇妙的图像变化效果。

任务1 人物面部美容

▶ 任务情境

艺术照上的明星们都光彩照人，但是生活中的他们和我们一样，如果没化妆，都是那么朴实无华。是什么让他们在杂志或画册封面上那么神采奕奕？那就是通过Photoshop软件，只需要轻轻动动手指，就能使照片中的皮肤重新恢复到婴儿般的细腻。本任务为大家讲解的就是众多影楼、工作室人像修片最常用的手法——磨皮。

▶ 任务分析

在处理人物面部特写的过程中，基本的操作原理就是利用色阶、污点修复画笔工具、"高斯模糊"滤镜等功能，对人物面部的瑕疵进行平滑处理，结合蒙版功能将面部的细节图像显示出来，如眼睛、鼻子以及眉毛等，这样就可以在模糊瑕疵的同时保留面部应有的细节。另外，为了使整个照片效果趋向完美，对面部的轮廓以及整体色彩进行细致的调整。

▶ 任务实施

1. 修复脸部的瑕疵

1）打开项目8素材文件夹"8-1.JPG"图片，如图8-1所示。

图8-1 素材图片

2）按<Ctrl+L>组合键执行"色阶"命令，弹出的对话框如图8-2所示。单击"确定"按钮退出对话框，得到图8-3所示的效果。按<Ctrl+M>组合键执行"曲线"命令，弹出的对话框如图8-4～图8-6所示。单击"确定"按钮退出对话框，得到图8-7所示的效果。

3）按<Ctrl+B>组合键执行"色彩平衡"命令，弹出的对话框如图8-8所示。单击"确定"按钮退出对话框，得到图8-9所示的效果。

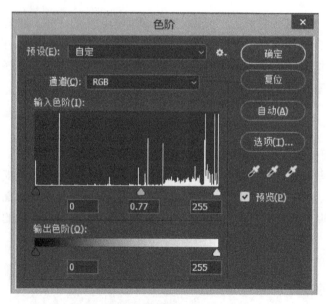

图8-2 "色阶"对话框

图8-3　调整"色阶"后的效果

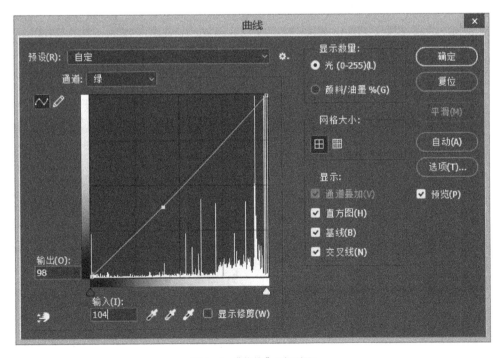

图8-4　"曲线"对话框1

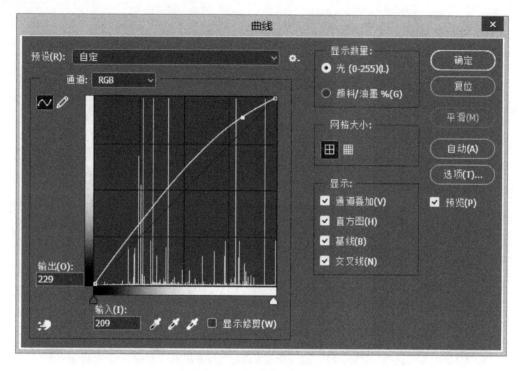

图8-5 "曲线"对话框2

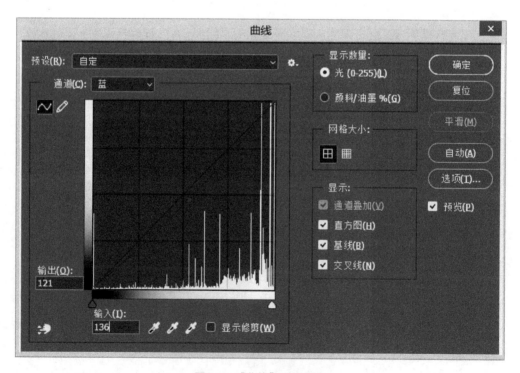

图8-6 "曲线"对话框3

图8-7　调整"曲线"后效果

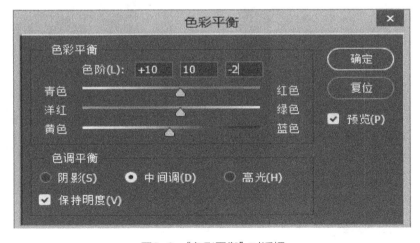

图8-8　"色彩平衡"对话框

图8-9　调整"色彩平衡"后效果

4）单击"污点修复画笔"工具，把人物面部上雀斑、粉刺等瑕疵修除，如图8-10所示。

图8-10　"污点修复画笔"修复后效果

2. 柔滑面部的肌肤

1）按<Ctrl+J>组合键复制背景图层，执行"滤镜"→"模糊"→"高斯模糊"命令，在弹出的对话框中设置"半径"为4.5，效果如图8-11所示。

图8-11 应用"高斯模糊"效果

2）单击"图层"调板最下面一排中的"添加图层蒙版"按钮，为图层1添加蒙版，设置前景色为黑色，选择"画笔工具"，在其工具选项条中设置 不透明度：11% 流量：30% ，在图层蒙版中进行涂抹，把眼睛、眉毛、嘴及耳朵图像隐藏起来，直到得到如图8-12所示的效果，此时蒙版中的状态如图8-13所示。

图8-12 添加图层蒙版并涂抹

图8-13　图层蒙版状态

3）按<Ctrl+J>组合键执行"复制图层"命令，设置图层1副本的混合模式为"滤色"，不透明度为20%，得到如图8-14所示的效果。

图8-14　设置图层混合模式后效果

4）单击"图层"调板最下面一排中的"创建新的填充图层"或调整图层中的"曲线"命令，在弹出的对话框设置曲线，如图8-15所示，设置该图层的不透明度为70%，得到最终效果如图8-16所示。

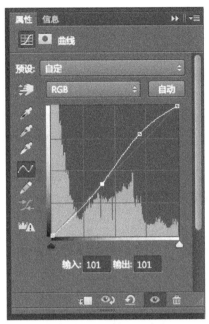

图8-15 "曲线"对话框

图8-16 最终效果

 **≫ 知识加油站**

蒙版的使用

蒙版就是蒙在图像上，用来保护图像选定区域的一层"版"。当要改变图像某个区域的颜色或对该区域应用滤镜或其他效果时，蒙版可以保护和隔离图像中不需要编辑的区域，只对未蒙区域进行编辑。当选择某个图像的部分区域时，未选中区域将"被蒙版"或被隔离而不被编辑。

在通道面板中所存储的Alpha通道就是所谓的蒙版。Alpha通道可以转换为选区，因此可以用绘图和编辑等工具编辑蒙版。蒙版是一项高级的选区技术，它除了具有存放选区的遮罩效果外，其主要功能是可以更方便、更精细地修改遮罩范围。

利用蒙版可以很清楚地划分出可编辑（白色范围）与不可编辑（黑色范围）的图像区域。在蒙版中，除了白色和黑色范围外，还有灰色范围。当蒙版含有灰色范围时，表示可以编辑出半透明的效果。

在Photoshop中，主要包括通道蒙版、快速蒙版和图层蒙版三种类型的蒙版，其中图层蒙版又包括普通图层蒙版、调整图层蒙版和填充图层蒙版。

任务2　抠出飘逸的头发丝

≫ 任务情境

影楼在拍照时都会有自己的主题背景画布，然后让人物站在该画布前面即可，这是最简单的在室内模拟拍摄外景的一种模式。当然，为了更灵活地进行背景选择与控制，很多影楼则是选择在设备背景上拍摄人物照片，然后再利用后期抠图技术将人物抠出并应用到客户喜欢的背景上，相对于主题画布来说，这样做可以在更大程度上满足客户的不同需求。

≫ 任务分析

本任务使用的抠图技术相对复杂，同时涉及"计算"命令、Alpha通道和图层蒙版编辑等若干难度较高的技术，在抠出图像后，通过叠加图层混合模式来去除发丝边缘的杂色，再为抠出的人物添加上适合的背景。本任务具有一定的挑战性。

≫ 任务实施

1. 创建通道与蒙版

1）打开项目8素材文件夹"8-17.JPG"图片，如图8-17所示。将其作为本次任务的"背景"图层，按<Ctrl+J>组合键执行"复制图层"命令，复制得到"背景副本"图层，如图8-18所示。

图8-17　素材图片

图8-18　复制图层

提示：人物的头发应用一般创建选区的工具无法达到满意的效果，可以利用"计算"来解决这个问题。

2）选择"图像"→"调整"→"亮度/对比度"命令，弹出的对话框，如图8-19所示。切换到"通道"调板，选择"图像/计算"命令，在弹出的对话框中进行图8-20所示的设置。单击"确定"按钮，此时通道中的图像状态如图8-21所示，同时得到"Alpha 1"。

图8-19　"亮度/对比度"对话框

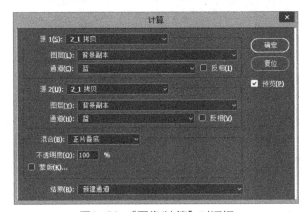

图8-20　"图像/计算"对话框

图8-21 "通道"中图像状态效果

> 提示："计算"命令可以来自一个或两个图像的通道，然后将结果应用到新图像、新通道或现用图像的选区，此命令为用户创建多样化复杂的通道提供了便利。

3）按<Ctrl+A>组合键执行"全选"命令操作，按<Ctrl+C>组合键执行"拷贝"操作。切换回"图层"调板，选择"背景副本"，单击"图层"调板最下面一排中的添加蒙版按钮，按<Alt>键单击"背景副本"图层蒙版缩览图，以显示蒙版状态。按<Ctrl+V>组合键执行"粘贴"操作，按<Ctrl+D>组合键取消选区。

> 提示：图层蒙版中的黑色区域部分可以使图像对应的区域被隐藏，显示底层图像，白色区域部分可使图像对应的区域被显示。

4）按<Ctrl+I>组合键执行"反相"命令，以进入反相蒙版状态，按<Ctrl+L>组合键执行"色阶"命令，在弹出的对话框进行设置，如图8-22所示。

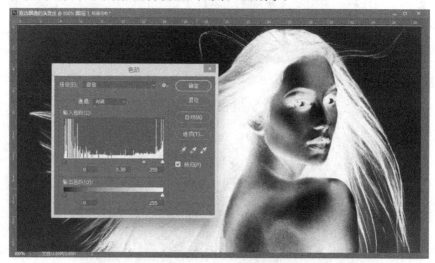

图8-22 "色阶"对话框

5）设置前景色为黑色，选择"加深工具"，在其属性栏设置适当的画笔大小（柔角），在人物图像以外的白色区域和头发丝附近涂抹，直至得到图8-23所示的效果。

6）设置前景色为白色，选择"画笔工具"，在其属性栏设置适当的画笔大小（柔角），在人物图像上的黑色区域涂抹，直至得到图8-24所示的效果。

图8-23　调整"色阶"后的效果

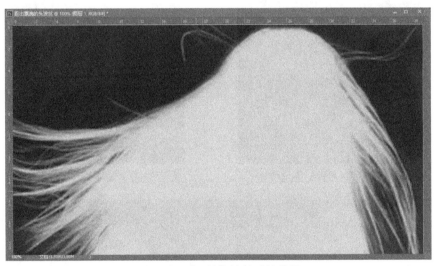

图8-24　"画笔"涂抹后的效果

2. 添加背景

1）单击"背景副本"图层，以显示图像状态。打开项目8素材文件夹"素材8-2.2.JPG"图片，使用"移动工具"将其拖动到刚制作的文件中，得到图层1并调整图层的位置顺序，如图8-25和图8-26所示。

2）按<Ctrl+J>组合键执行"复制图层"命令，复制得到"背景副本1"，如图8-27所示。设置"背景副本"的图层混合模式为"正片叠底"，设置前景色为黑色，单击"背景副本1"的图层蒙版，使用"画笔工具"在头发丝边缘白色的杂点涂抹，直至得到最终效果，如图8-28所示。

图8-25　背景素材

图8-26　背景素材图层位置

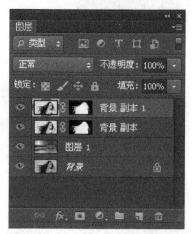

图8-27　复制背景副本图层

图8-28　抠出飘逸的头发丝

 **>> 知识加油站**

1. 通道的基本操作

在使用通道进行图像编辑时熟练地进行通道的操作很重要，在对通道编辑时主要有新建通道和删除通道等操作，下面就介绍这些通道的编辑操作。

（1）新建通道　Alpha通道在Photoshop　CC中具有独特的作用，利用Alpha通道可以制作出许多独特的效果，在进行图像的编辑时，单独创建的新通道都称为Alpha通道。下面介绍如何创建新的通道。

1）选择通道控制面板上的"新通道"命令即可快速建立一个新通道，新建立的通道的默认颜色为黑色，图8-29所示为建立的新通道。

2）建立通道还可以利用面板菜单中的"新通道"命令，选择此命令后出现一个对话框，如图8-30所示。

图8-29　建立的新通道

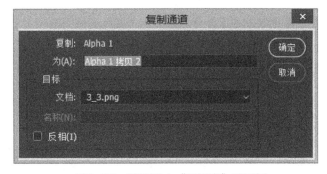

图8-30　菜单建立"新通道"对话框

用户看到在对话框中可以设置通道的各项参数：在"名称"文本框中用户可以输入通道的名称，如果用户不输入，则系统的默认名为Alpha1、Alpha2等。

在"颜色指示"选项组，用户可以设定通道中的颜色显示方式，有以下两种颜色：

①"被蒙版区域"：选择此项后，新建的Alpha通道中有颜色的区域代表蒙版区，没有颜色的区域代表非蒙版区。

②"所选区域"：该项和"被蒙版区域"项恰好相反，选中该项后，新建的Alpha通道中没有颜色的区域代表蒙版区，有颜色的区域代表非蒙版区。

单击颜色拾取块，打开颜色拾取器，在拾取器中选取一种通道颜色。在默认的情况下，蒙版的颜色为半透明的红色。

在颜色框的右侧有一个"不透明度"文本框，用户可以在此输入数值设定蒙版的不透明度值，设定不透明度的目的在于使用户能够较准确地选择区域。设定完这些选项后单击"确定"按钮即可设定一个Alpha通道，如图8-30所示。

（2）复制和删除通道　当保存了选区范围后，想对这个选区范围进行编辑时，一般要先将该通道的内容进行复制然后编辑，这样可以看出原通道和编辑后通道的对比。复制通道的操作很简单，首先选中要复制的通道，然后执行"通道"控制面板中的"复制通道"命令，这时会出现图8-30所示的对话框，用户可以在此对话框中设置通道名称、要复制到此通道的目标图像文件，若选择"新建"则表示要复制到一个新建立的文件中；最下面还有一个复选框，若用户选择"反相"复选框，复制后的通道颜色即会以反色显示。设置完后单击"确定"按钮即可完成复制的操作。选中要复制的通道，单击鼠标右键选中"删除通道"命令即可，如图8-31所示。

图8-31　删除通道

（3）分离与合并通道　在用户对通道进行编辑操作时，通常要将各个通道分离，然后分别对各个通道进行编辑，编辑完成后用户再把各个通道按照一种颜色模式进行合并。下面就介绍分离和合并通道的操作。

使用"通道"面板中的"分离"命令即可将一个图像中的各个通道分离出来，成为几个单独的通道，在执行这个命令后，每个通道都会从图像中分离出来，同时关闭原图像文件，而且分离后的图像都将以单独的窗口显示在屏幕上，这些图像都是灰度图，图8-32所示为一个未分离的RGB通道及分离后的三个颜色通道图像。

a）

图8-32　分离的RGB通道

a）未分离的RGB图像

b）

c）

图8-32　分离的RGB通道（续）

b）分离出来的R通道图像　c）分离出来的G通道图像

d)

图8-32 分离的RGB通道（续）

d）分离出来的B通道图像

分离后的通道经过编辑后要进行通道的合并，这样，分离出来的图像又可以重新合并成一个图像，合并图像只要执行"通道"面板中的"合并通道"命令，执行该命令后会出现图8-33所示的"合并通道"对话框，在对话框中用户可以重新设置各种色彩模式，该项的设置要符合模式的实际情况，比如，RGB图像设定通道数为3，CMYK图像设定通道数为4等。设定完这些参数后单击"确定"按钮又会出现一个对话框，如图8-34所示，在此对话框中，要为刚才设置的模式选择需要的各个通道，各个通道原色的选择将直接关系到合并后图像的效果，另外注意各个原色通道不能相同，选择完后单击"确定"按钮即可完成合并通道的操作。

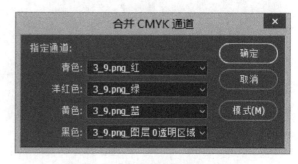

图8-33 "合并通道"对话框　　　　图8-34 "合并通道"后的对话框

提示：用户需要特别注意的一点就是在合并通道时，各源文件的分辨率和尺寸必须一样，否则不能进行合并。

（4）专色通道　"专色"通道使用一种特殊的混合油墨，替代或附加到图像颜色油墨中。因为每个专色通道都有一个属于自己的印板，所以当一个包含有专色通道的图像进行输出打印时，这个"专色"通道会成为一张单独的页被打印出来。下面介绍建立"专色"通道的方法。

1）选择"通道"面板中的"新专色通道"命令，这时会出现一个"新专色通道"对话框，如图8-35所示。在此对话框中用户可以在"名称"文本框中设定新专色通道的名称；在"油墨特性"选项组中单击颜色块，打开"颜色拾取器"对话框选择油墨的颜色，该颜色将在印刷该图像时起作用；在"硬度"文本框中输入0～100的数值来确定油墨的硬度，设定完这些参数后单击"确定"按钮，完成复合点彩色通道的创建。

2）专色通道可以直接合并到各个原色通道中，要合并专色通道到原色通道中只要选中该专色通道，然后执行"通道"面板中的"合并专色通道"命令，这样"专色通道"中的颜色被分成几层，分别混到这种色彩模式的每一个原色通道中。

用户在设置Alpha通道的复合点彩色打印效果时，需要将Alpha通道转换成专色通道，下面就介绍转换的方法。

① 选中Alpha通道后执行"通道"面板中的"通道选项"命令，打开图8-36所示的对话框。

② 单击选中"专色"项，然后在"名称"文本框中设定转换后的通道名称，并在"颜色"选项组中设定颜色和"不透明度"的值，然后单击"确定"按钮完成操作。

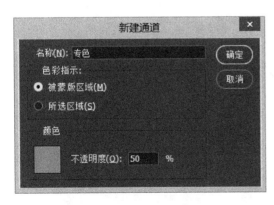

图8-35　"新专色通道"对话框

图8-36　"通道选项"对话框

2. 通道蒙版的使用

通道蒙版是将选区转换为Alpha通道后形成的蒙版。在通道面板中选中目标Alpha通道后，图像中除了选区外均以黑色显示（被蒙区域），如图8-37所示。

a）

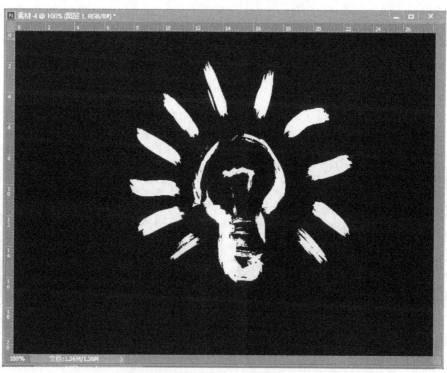

b）

图8-37　Alpha通道后形成的蒙版

a）在图像中建立选区　b）通道蒙版

c)

图8-37　Alpha通道后形成的蒙版（续）

c）通道面板

通道蒙版的使用方法如下：

1）使用"魔棒工具"，在图像中建立选区，然后单击通道面板中的新建按钮，将该选区存储为Alpha通道（也就是蒙版），如图8-37a所示。

2）单击通道面板中的Alpha1通道，在图像中可以看到黑白分明的未蒙和被蒙区域，如图8-37b所示。

3）执行"选择"→"反选"命令，将选区反选，对蒙版进行编辑，如图8-38所示。

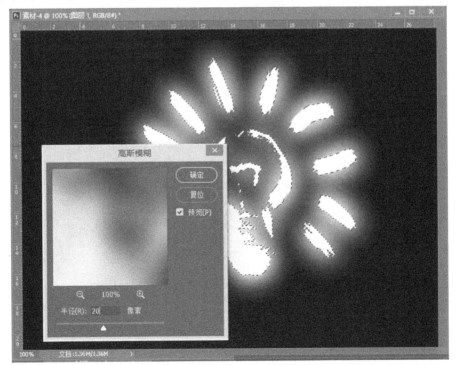

图8-38　蒙版进行编辑后的效果

4）执行"滤镜"→"模糊"→"高斯模糊"命令，打开"高斯模糊"对话框，将半径选项设置为20像素，并单击"确定"按钮，如图8-39所示（在此模式下还可以再次编辑蒙版）。

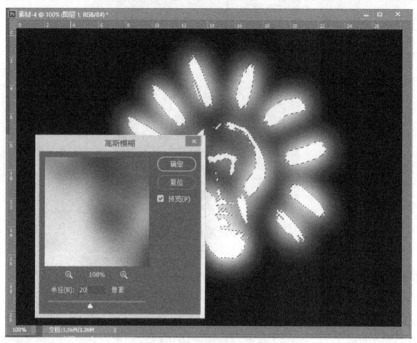

图8-39　再次编辑蒙版的效果

5）切换到RGB通道，按<Ctrl>键的同时单击Alpha1通道调出该通道选区，按<Delete>键将选区外的图像删除，按<Ctrl+D>组合键取消选区，如图8-40所示。

图8-40　最终效果

提示：蒙版与选区的原理是相同的，只不过蒙版可以被当成图形来编辑，例如，蒙版可以用"画笔工具""橡皮擦工具"等编辑，或用图像调整功能做一些特殊的处理。

 ≫ **技能考核评价表**

考核时间	考核项目	分值	自我评价	小组评价	教师评价	企业评价
40min	正确创建通道	10				
	调整通道	10				
	曲线命令的运用	30				
	蒙版和选区的运用	20				
	整理计算机，保持整洁	10				
	团队合作意识	20				
	合计	100				

 ≫ **项目拓展**

一、单选题

1）（   ）格式的文件包含有红、绿、蓝三个颜色通道。

　　A. CMYK　　　　　B. RGB　　　　　　　C. Lab　　　　　D. 灰度

2）（   ）命令可以把图像的每个通道分别拆分为独立的图像文件。

　　A. 合并通道　　　　B. 复制通道　　　　　C. 分离通道　　　D. 新建通道

3）通道选项命令用于设定（   ）。

　　A. Alpha通道　　　B. 专色通道　　　　　C. 复合通道　　　D. 专用通道

4）（   ）命令，可以计算处理通道内的图像，使图像混合产生特殊效果。

　　A. 计算　　　　　　B. 裁切　　　　　　　C. 修整　　　　　D. 应用图像

5）（   ）命令主要用于合成单个通道的内容。

　　A. 应用图像　　　　B. 计算　　　　　　　C. 裁切　　　　　D. 裁剪

二、多选题

1）CMYK格式的文件包含有（   ）颜色通道。

　　A. 青色　　　　　　B. 红色　　　　　　　C. 黄色　　　　　D. 黑色

2）在"新通道"对话框中，（   ）。

　　A. "名称"选项用于设定当前通道的名称

　　B. "色彩指示"选项组用于选择两种区域方式

　　C. "不透明度"选项用于设定当前通道的不透明度

　　D. "颜色"选项可以设定新通道的颜色

3）在"应用图像"对话框中，（　　　　）。

    A．"反相"选项用于在处理前先反转通道内的内容

    B．"不透明度"选项用于设定图像的不透明度

    C．"蒙版"选项用于加入蒙版，以限定选区

    D．"反向"选项用于在处理前先反转通道内的内容

三、判断题

1）在"通道"控制面板中，不能存储选区。　　　　　　　　　　　　　　　（　　　）

2）"复制通道"命令用于将现有的通道进行复制，产生相同属性的多个通道。（　　　）

四、拓展训练

1）根据任务1中介绍的方法对图8-41所示的素材图片进行面部美容。

2）利用所给素材图片图8-42、图8-43所示，结合本项目的抠图方法，为人物更换背景图片，要求运用通道和蒙版技术制作，效果如图8-44所示。

图8-41　练习素材1　　　　　　　　　　　　　　图8-42　练习素材2（一）

图8-43　练习素材2（二）　　　　　　　　　　　图8-44　最终完成效果

实战篇

项目9 广告设计

 **》项目概述**

Photoshop是人们设计平面广告的主要软件之一。其强大的图形处理功能完全能够满足平面广告设计的要求。

广告的设计过程主要有确定广告主题、选择广告形象、构思广告内容、编辑广告正文和添加衬托要素等几个方面。广告的内容是至关重要的，要引起大众注意应该做到广告创意新颖，针对性强，主题突出。

当设计制作时，要注意做好文字元素与图片、色调等非文字元素的有机配合。制作一件完整的广告作品要特别注意正确处理好何处突出文字元素、何处突出非文字元素，以强大的视觉冲击吸引受众的眼球。

职业能力目标

1）能了解平面广告的设计过程。
2）能根据实际要求独立构思广告内容。
3）能熟练处理广告中所使用的图片、文字等元素。
4）能模仿所学内容独立完成广告的制作。

任务1 设计旅游宣传广告

》 任务情境

"快乐游"旅游公司近期要开展"游黄山，看徽州"主题活动，需要围绕此主题制作一份旅游宣传广告。王强接受了此任务，该如何完成呢？

》 任务分析

这份广告的素材范围很广，要引起人们的注意，需要从活动主题词、活动内容、景区代表性的图片及色彩等方面着手。

王强认为，本广告一个主题下有两项内容，即游黄山和看徽州，所以这两方面内容都要在广告中很好地体现出来。于是，他确定了主题词是"如诗山水在黄山，人文积淀是徽州"。素材是从景区拍摄的照片。文本内容以本次活动的各类日程安排为主。画面色调以绿色为主，外加水墨效果，渲染如画意境。

➤ 任务实施

1. 创建文档

运行Photoshop CC，新建一个PSD文档（旅游广告.PSD），其大小参数如图9-1所示，单击"确定"按钮。

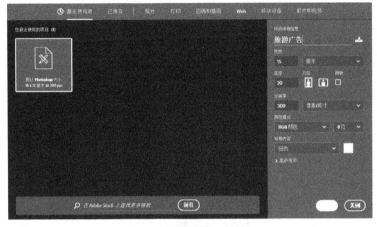

图9-1 "新建"对话框

说明如下：

① 广告的大小应根据实际需求来定。此图所示的尺寸仅供举例。

② 对于彩色印刷品来说，分辨率设置为300比较适中，印刷的清晰度较好，还便于进行适当缩放。

2. 添加图片

1）打开素材文件夹中的图像文件"9-1.JPG"，使用"移动工具"，单击并拖动此图片到"旅游广告.PSD"文档中。

2）按<Ctrl+T>组合键进入"自由变换"状态，调整图片大小，以适合文档的画布尺寸，如图9-2所示。

图9-2 调整图片尺寸

3）用同样的方法，将"9-2.JPG""9-3.JPG"添加到当前文档中，并调整大小。为了便于识别，在图层面板中，给这些图片对应的图层命名，如图9-3所示。

图9-3　添加的图片及其对应的图层命名

4）使用"裁剪工具" 框选整个画面区域，将调整过程中移出画面之外的部分去除，便于后面的处理。

3. 层叠图片的处理

1）使用"快速选择工具" ，对"迎客松"图层中除迎客松之外的区域进行粗选，如图9-4所示。

图9-4　使用"快速选择工具"进行粗选

2）适当放大显示比例，再使用"魔棒工具" 、"磁性套索工具" 等进行精细选择。选择时，使用"选区相加"的方式，即选中属性栏中的按钮" "。对于多选的部分，要用"选区相减"的方式，即选中属性栏中的按钮 。最终的选择效果可参照图9-5。

图9-5　选取迎客松之外的区域

3）按<Delete>键删除选中的区域，取消选区（按<Ctrl+D>组合键）。

4）在图层面板中单击下一图层（"云海"图层）前的按钮 ，暂时隐藏此图层。再对迎客松进行精细修改，擦除没有删除的小块区域，并对迎客松中较硬的边缘使用"模糊工具"进行适当模糊，使其与下层的云海画面更融洽，效果如图9-6所示。

图9-6　处理好的迎客松图片

5）隐藏"迎客松"图层，显示"云海"图层。在图层面板中选中"云海"图层，单击面板下方的"添加图层蒙版"按钮 ，给此图层添加蒙版。

6）选择"渐变工具" ，使用"黑白渐变"填充，从"云海"图片的左下方单击拖动到右上方，生成渐变过渡，产生雾蒙效果，如图9-7所示。

7）显示"迎客松"图层。

图9-7 蒙版中的渐变方向

4. 制作彩色照片的水墨画效果

1）在图层面板中，将"村庄"图层复制一份，生成"村庄拷贝"，并选中此拷贝图层。

2）单击"图像"菜单，选择"调整"→"亮度/对比度"命令，打开"亮度/对比度"对话框，适当增加图像的亮度和对比度，如图9-8所示。

图9-8 适当调整亮度/对比度

3）单击"图像"菜单，选择"调整"→"去色"命令。

4）复制此图层，生成"村庄拷贝2"，选中此拷贝图层。

5）选择"滤镜"→"滤镜库"→"画笔描边"命令，再单击"喷溅"，显示"喷溅"面板，设置参数，如图9-9所示。

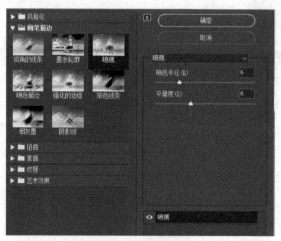

图9-9 设置喷溅参数

6）选择"滤镜"→"滤镜库"→"艺术效果"命令，再单击"干笔画"，显示"干笔画"面板，设置参数如图9-10所示。

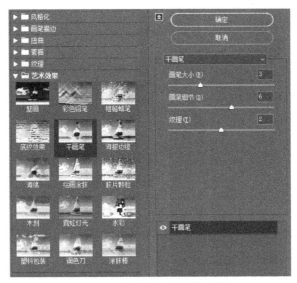

图9-10　设置"干笔画"参数

7）在图层面板中设置此图层"混合模式"为"滤色"，如图9-11所示。

图9-11　设置"混合模式"为"滤色"

8）选中此图层及其下方图层（即"村庄拷贝2"和"村庄拷贝"），选择"图层"→"合并图层"命令（或按<Ctrl+E>组合键），生成水墨画效果。

9）选择"图像"→"调整"→"亮度/对比度"命令，打开"亮度/对比度"对话框，适当调整亮度（如设置为"-80"）。

10）单击面板下方的"添加图层蒙版"按钮，给此图层添加蒙版。

11）选择"渐变工具"，使用"黑白渐变"（由黑色到白色）填充，从"村庄拷贝2"图片的左下方单击拖动到右上方，生成渐变过渡。与下方的彩色图片形成从左到右的彩色到水墨画的渐变效果，如图9-12所示。画面中圆拱桥是彩色与水墨画的分界处，象征现代与厚重的历史积淀相交汇。

图9-12　使用渐变填充的蒙版效果

5．添加文字图层

1）在最上方的图层前建立一个新图层，并在画面的中央建立一个矩形选区，如图9-13所示。

图9-13　建立矩形选区

2）选择"渐变工具"，设置渐变效果如图9-14所示。

3）按<Shift>键的同时单击鼠标左键并拖动，从选区的上边缘拖到下边缘，对选区进行渐变填充。再按<Ctrl+D>组合键，取消选区。

4）选择"横排文字工具"，输入文字"如诗山水在黄山　人文积淀是徽州"。并设置定体为"隶书"，大小为"30点"。

5）分别选中"黄山"和"徽州"，设置其字体为"华文行楷"，大小为"40点"。

6）选中两行文字，单击"切换字符和段落面板"按钮，设置其行间距为"48点"，

如图9-15所示。

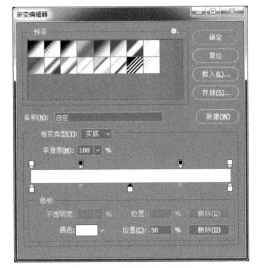

图9-14 设置渐变效果

图9-15 "字符/段落"面板

7）用同样的方法，在画面下方添加"推荐线路"内容，调整文字大小、字体、加粗及行间距等值为适中即可，效果如图9-16所示。

图9-16 添加文字后的效果

8）设置下方文字的"混合选项"中的"描边"为"白色"，"大小"为"9像素"，"位置"为"外部"。

6. 添加修饰效果（一）

制作一个仿古印章，既可点明活动主题，又能作为修饰。

1）新建图层选择"圆角矩形工具"，设置其圆角半径为"30像素"，描边颜色为"红色",描边宽度为18像素,在画面中间的左侧绘制一个圆角矩形。

2)右击该图层,选择快捷菜单中的"栅格化图层"命令,如图9-17所示,得到一个圆角方框图像,如图9-18所示。

图9-17 快捷菜单中的"栅格化图层"

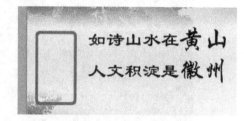

图9-18 绘制圆角方框

3)选择"滤镜"→"像素化"→"点状化",在"点状化"对话框中设置"单元格大小"为"30",单击"确定"按钮。

4)使用"魔棒工具",分别选中矩形框中的白色区域和深红色区域,并删除,得到图9-19所示效果。

5)再使用"橡皮擦工具"对此方框进行擦除,模拟印章的断续效果,如图9-20所示。

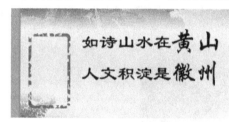

图9-19 印章边框的初步效果

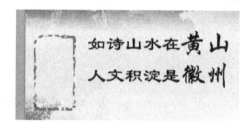

图9-20 印章边框的模拟效果

6)为了使得效果更加逼真,可选择"滤镜"→"模糊"→"镜头模糊",在打开的"镜头模糊"对话框中设置光圈半径为"9",其他值为0,单击"确定"按钮。

7)复制此图层,按<Ctrl+T>组合键进入自由变换状态,缩小此图,并在此图层中建立一个不规则选区,如图9-21所示。

8)用红色填充此选区。

9)使用"魔棒工具" 选中填充的红色部分,再选择"选择"→"反选"命令,按<Delete>键,删除外框部分,留下红色填充部分。

10)使用"橡皮擦工具" 等,对此填充部分进行修整,并适当调整大小,使之与印章边框相协调。

11)参照步骤6),使用"镜头模糊",效果如图9-22所示。

图9-21 建立一个矩形选区

图9-22 制作印章内部的阳面

12）使用"文字工具" ，设置排列方式为"竖排"，输入文字"游黄山 看徽州"，调整文字的对应位置，设置大小为"20点"，字体为"隶书"，加粗，行距为"24点"，颜色为白色，如图9-23所示。

13）在"图层"面板中右击此图层，在快捷菜单中选择"栅格化文字"命令。

14）参照步骤3）～步骤6），设置印章字效果。当点状化时，"单元格大小"设置为"9"。要删除点状化后颜色变深的区域块。当镜头模糊时，光圈半径设置为"6"，效果如图9-24所示。

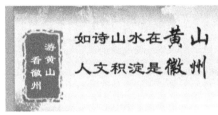

图9-23　在印章中添加文字

图9-24　处理好的印章

7. 添加修饰效果（二）

1）新建一个文档，大小为800像素×800像素，分辨率为300像素/英寸（与旅游广告的分辨率一致）。

2）选择"画笔工具" 。设置笔类形状为"干画笔浅描 "，大小为30，如图9-25所示。

3）分别选择淡灰色到黑色的不同颜色，在画面从上往下的1/3左右位置处靠近边缘处绘画出图9-26所示的形状。如果绘制有困难，则可以先绘制出类似的图案，再通过涂抹、模糊等工具，结合自由变换来实现。

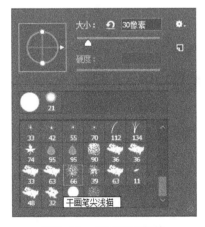

图9-25　设置画笔参数

图9-26　绘制渐变的图案

4）选择"滤镜"→"扭曲"→"极坐标"命令，得到图9-27所示的图案，这是一个模拟毛笔水墨画的图案。

5）将此图案复制到"旅游广告.PSD"文档中，调整其大小和位置并水平翻转，如图9-28所示。

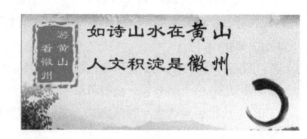

图9-27　所需的效果图　　　　　　　　　　　图9-28　添加水墨画图案

6）使用"横排文字工具"，在图案处输入文字"大美中国"。字体为"隶书"，颜色为"黑色"，大小为"18点"，加粗。

7）适当调整文字和图案的位置，最终效果如图9-29所示。

图9-29　旅游广告

8）在制作PSD文档的过程中，要养成使用"图层组"来组织图层的习惯。特别是图层较多时，使用"图层组"来组织图层，可使文档的层次清晰，便于读图和今后的修改。在"图层"面板中，单击下方的"创建新组"按钮■，图层面板中就新增一个图层组"组1"，双击，输入一个便于识别的名称。本任务共使用了5个组来组织图层，如图9-30所示。

9）组织图层。将表达意义相同的图层按上下次序拖动到组中，本任务的图层组织如图9-31所示。

图9-30 建立相应的"图层组"　　　图9-31 使用"图层组"组织图层

10）旅游广告制作完成，按<Ctrl+S>组合键保存为"旅游广告.PSD"。

任务2　设计手表广告

▶ 任务情境

"新时尚"精品店要为一款品牌手表制作宣传广告。要求广告不仅能体现本款手表的新颖、大方和豪华，同时也能成为本店夺人眼球的揽客招牌。

精品店提供了手表的照片以及一些用作背景修饰的其他图片。

▶ 任务分析

手表广告的设计理念多种多样。本任务重点宣传这款手表优美、高雅、时尚和经典的品质，同时强调材质的高级、设计与技术的完美结合。画面设计让消费者被吸引住的同时深入思考，加深品牌在消费者心中的印象，把本款手表的悠久历史和创新理念体现出来。既高档，又适中，消费对象主要面向广大中等收入以上、寻求生活质量的家庭和个人。

本设计拟采用深色调，以体现手表厚重的历史传承，黄金材质以体现手表的高贵不凡，同时与深色背景产生较大的视觉反差，以突出手表这项主体。主题词要体现成功人士的高雅气质，画面构成简约而不简单，最终效果如图9-32所示。

图9-32　手表广告

≫ 任务实施

1. 制作广告背景

1）运行Photoshop CC，新建一个PSD文档（手表广告.PSD）。其大小参数如图9-33所示，单击"确定"按钮（广告的大小应根据实际需求来定，此图所示的尺寸仅供举例）。

图9-33　"新建"对话框

2）使用Photoshop打开背景图片"9-32.JPG"，并将此图片拖入"手表广告.PSD"中，生成一个新图层，命名为"底图"。

3）按<Ctrl+T>组合键进入自由变换状态，适当调整其大小和位置，如图9-34所示。

图9-34　调整背景图片的大小和位置

4）保持此图层为选中状态，对此图片进行滤色处理，使其颜色偏黄。选择"图像"→"调整"→"照片滤镜…"命令，打开"照片滤镜"对话框，如图9-35所示。使用颜色滤镜，浓度为100%。单击颜色选取按钮▇，设置颜色值，如图9-36所示，单击"确定"按钮后，图片颜色设置完成。

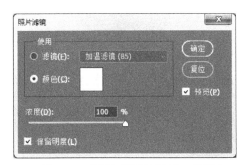

图9-35　设置"照片滤镜"对话框

图9-36　设置滤镜颜色

5）选择"图像"→"调整"→"亮度/对比度…"命令，打开"亮度/对比度"对话框，设置参数，如图9-37所示。

6）对图片色彩进行适当调整。选择"图像"→"调整"→"色彩平衡…"命令，打开"色彩平衡"对话框，设置参数，如图9-38所示。

图9-37　设置"亮度/对比度"

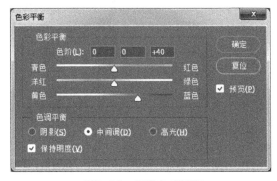

图9-38　调整色彩平衡

7）在此图层上方新建一个图层，命名为"底色"，并选中此图层。

8）选择"油漆桶工具" 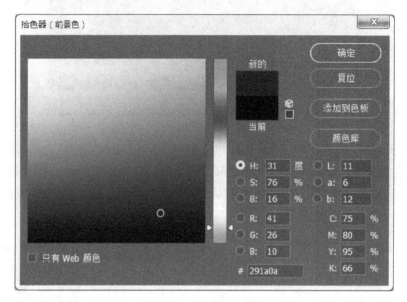，单击工具箱中的"设置前景色"，设置颜色，如图9-39所示，使用此颜色填充当前图层。

图9-39　设置底色值

9）选择"滤镜"→"杂色"→"添加杂色…"命令，打开"添加杂色"对话框，设置"数量"为"5%""平均分布"，如图9-40所示，单击"确定"按钮，在"底色"图层中添加适量杂色。

图9-40　添加杂色

10）单击"图层"面板下方的"添加图层蒙版"按钮 ，给"底色"图层添加蒙版。

11）在"图层"面板中，单击"底色"图层前的"可见性"按钮 ，暂时隐藏此图层。

12）选择"矩形选框工具" ▦，对照"底图"图层中图片的大小，建立一个矩形选区，作为蒙版选区，如图9-41所示。

图9-41　建立矩形选区

13）在"图层"面板中，单击"底色"图层前的按钮 ◉，显示此图层，并保持此图层为选中状态。

14）选择"渐变工具" ▮，单击"属性"栏中的" ▮▮▮▮▮ ∨"按钮，打开"渐变编辑器"，设置渐变填充方式，如图9-42所示。

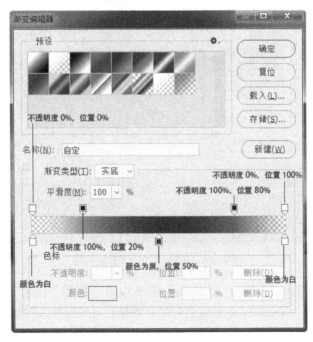

图9-42　设置渐变填充值

15）设置好渐变值后，在蒙版选区中进行"线性"渐变填充。按住<Shift>键，鼠标从选区的上边缘处单击并向下拖动到下边缘处，释放鼠标和<Shift>键。蒙版建立成功，按<Ctrl+D>组合键取消选区，效果如图9-43所示。

图9-43　建立蒙版后的背景效果

2. 创建广告主体——手表

1）在Photoshop中打开手表图片文件"9-32.JPG"。

2）手表的金色不够饱满，需适当增强红色值。选择"图像"→"调整"→"曲线…"命令，打开"曲线"对话框。选择"红"通道，并调整曲线，如图9-44所示。单击"确定"按钮。

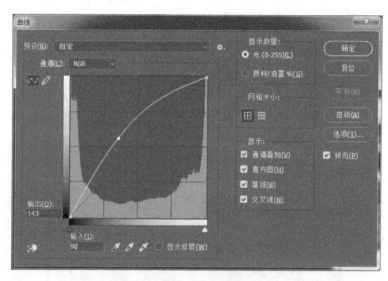

图9-44　调节"红"通道的曲线

注：调整色彩的方法很多，"图像"菜单中的"调整"菜单项中的"亮度/对比度""曲线""色阶"等各项命令都可进行色彩调整，可根据各人的操作习惯或实际需要选择相应的命令。

3）选择"魔棒工具"　，在"属性"栏中设置"容差"为"20"，并选中"连续"项，如图9-45所示。

图9-45　设置"魔棒工具"属性值

4）单击手表之外的白色区域，选择"选择"→"反向"命令，建立反向区域，即选中手表区域。若选区不能很好地包含手表，则可通过"套索工具"等选择工具进行精细选择，与现有选区进行"选区相加"或"选区相减"，得到完整的手表选区。

注："魔棒工具"的"容差"属性值对选区的建立很重要。设置适当的容差值，可快速、精确地选中所需选区。

5）复制手表选区的图形，并粘贴到"手表广告.PSD"文档中，生成新的图层，命名为"手表"。

6）适当调整手表的大小和位置，如图9-46所示。

图9-46　添加广告主体——手表

3. 创建手表的倒影

1）使用"磁性套索工具"及"套索工具"在手表下方表带处建立一个选区，如图9-47所示。

2）按<Ctrl+C>组合键，再按两次<Ctrl+V>组合键将此段表带复制两份，如图9-48所示。分别将两个图层命名为"倒影"和"倒影1"。

图9-47　在表带处建立选区

图9-48　复制两段表带

3）分别将这两段表带进行垂直翻转，并进行自由变换和调整大小、位置等操作，如

图9-49所示。

　　4）删除两段表带中多余的部分，使之看上去如同一段完整的表带，如图9-50所示。

　　5）在面板中同时选中这两个图层（用<Shift>键+单击的方法）。选择"图层"→"合并图层"命令。

　　6）在"图层"面板中单击下方的"添加图层蒙版"按钮■，给此图层添加蒙版。使用"多边形套索工具"建立蒙版选区，如图9-51所示。

图9-49　调整好两段表带　　图9-50　删除两段表带多余的部分　　图9-51　建立蒙版选区

　　7）选择"渐变工具"■，单击"属性"栏中的按钮██████∨，打开"渐变编辑器"，设置渐变填充方式为"黑—白—黑"，线性渐变，如图9-52所示。

图9-52　设置渐变方式

　　8）在蒙版选区中沿垂直方向填充，如图9-53所示，得到图9-54所示的效果。

图9-53　渐变填充方向　　　　　　　图9-54　渐变填充效果

9）取消选区，调整"倒影"图层到"手表"图层下方。并将倒影图片移动到手表图片下方，与表带的方向和位置对齐。

10）在"图层"面板中设置"倒影"图层的"不透明度"为50%，混合模式为"正常"，效果如图9-55所示。

图9-55　添加倒影后的效果

4．添加广告文本

1）选择"横排文本工具"，添加广告文本"精确计算每分每秒　辉煌构建一生一世"。

2）单击"切换字符和段落面板"按钮 🔳，打开"字符"面板。设置其颜色为"黄色"，字体为"隶书"，大小为"18点"，行距为"24点"，如图9-56所示。

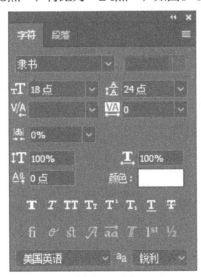

图9-56　设置文本属性

3）用同样的方法，在画面左下方添加文本"超越经典的唯一时尚品味"。设置其颜色为"黄色"，字体为"黑体"，大小为"18点"，如图9-57所示。

4）使用"矩形选框工具"，在画面左下方（文字的上方）建立一个偏长的矩形，如图9-58所示。

图9-57　添加广告文本

图9-58　创建矩形选区

5）选择"渐变工具" ▣ ，单击"属性"栏中的" ▭▭ ∨ "按钮，打开"渐变编辑器"，设置渐变填充方式为"黄"，透明度为"0%""100%""0%"，线性渐变，如图9-59所示。

图9-59　设置填充方式

6）按下<Shift>键的同时，在选区中从左到右水平填充，生成水平横线效果。

7）在"图层"面板中右击该图层，在弹出的快捷菜单中选择"混合选项…"命令，打开"图层样式"对话框，设置"斜面和浮雕"效果，如图9-60所示。

8）复制此图层，将复制图层的水平横线移动到文本下方。调整好各对象的相对位置，最终效果如图9-32所示。

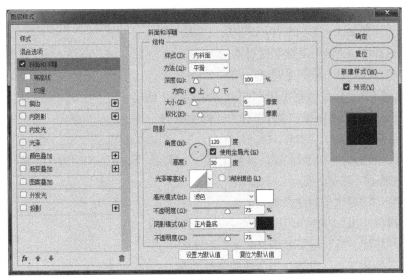

图9-60　设置填充方式

 技能考核评价表

考核时间	考核项目	分值	自我评价	小组评价	教师评价	企业评价
90min	复制图层	5				
	选区的加减	10				
	蒙版的使用	5				
	填充的使用	5				
	滤镜的使用	40				
	图像菜单的使用	20				
	图层面板的使用	5				
	广告创意的养成	10				
	合计	100				

 项目拓展

一、选择题

1）要想为一个图层添加蒙版，使用的是图层工作面板上的一个按钮，请你帮他选取。
（　　　）

A. *fx.*　　　　　B. 　　　　　C. 　　　　　D.

2）为了方便用户绘制剪切蒙版，可以按住（　　　）单击图层蒙版，隐藏所有图层信息，只显示当前蒙版图层。

A.〈Shift〉键　　　B.〈Tab〉键　　C.〈Alt〉键　　　D.〈Ctrl〉键

3）在某个文档的图层调板中有两个紧连在一起的图层A和B，图层A在图层B的上面。现在为了要使图层B的图像在图层A中透视出来，需要执行的操作是（　　　）。

  A．选择图层A，将不透明度设置成100%

  B．选择图层B，将不透明度设置成100%

  C．选择图层A，将不透明度设置成20%

  D．选择图层B，将不透明度设置成20%

4）下列属于Photoshop中图层模式（混合模式）的是（ ）。

  ①阴影 ②正片叠底 ③外发光 ④渐变叠加 ⑤滤色 ⑥强光

  A．①②③   B．①③④   C．②⑤⑥   D．①③⑤

5）在Photoshop中下面有关"模糊工具"（Blur Tool）和"锐化工具"（Sharpen Tool）的使用描述不正确的是（ ）。

  A．它们都是用于对图像细节的修饰

  B．按住<Shift>键就可以在这两个工具之间切换

  C．"模糊工具"可降低相邻像素的对比度

  D．"锐化工具"可增强相邻像素的对比度

6）Photoshop中执行下面（ ）操作，能够最快在同一幅图像中选取不连续的不规则颜色区域。

  A．全选图像后，按<Alt>键用套索减去不需要的被选区域

  B．用"钢笔工具"进行选择

  C．使用"魔棒工具"单击需要选择的颜色区域，并且取消其"连续的"复选框的选中状态

  D．没有合适的方法

二、拓展训练

1）利用所给素材图片，参照图9-61所示的效果，制作一份公益广告——"珍惜绿色资源"。

提示：右下方的卷角效果，是在按<Ctrl+T>组合键进行图片自由变换时，单击属性栏中的按钮 ，切换到"变形模式"后再拖动右下角形成的。

图9-61 公益广告——"珍惜绿色资源"

2）通过自己拍摄、上网搜索和绘制等方式收集图片，制作一份年轻人学习专业技能的宣传画。

项目10 包 装 设 计

◎ 》项目概述

包装指为了在流通过程中保护产品、方便储运和促进销售，按一定的技术方法所用的容器、材料和辅助物品的总称。为达到上述目的在采用容器、材料和辅助物的过程中施加一定技术方法的操作活动称为包装设计。

包装设计的目的是为了解决企业市场营销方面的问题，具体地讲就是为了推销产品与宣传企业形象。按产品种类分通常有：食品包装设计、药品包装设计、机电产品包装设计和危险品包装设计等。包装的形式很多，有纸袋、塑料袋和金属容器等。其中以纸盒最为普及，常见的纸盒结构大致分为六面体、圆柱体和多面体等。

纸盒包装的基本设计流程如下：进行策划（了解包装内容，进行市场调研，确立设计方向）→对设计方案具体化（制作包装效果图）→设计定稿→制版打样→整理成形→成品出厂。下面将要实施的是"制作包装效果图"的过程。

包装效果图包含的基本元素有文字、图形和色彩三个方面。应注意主题突出，色调统一、明快、和谐和醒目，让人产生深刻的视觉印象。

设计过程包括：文字、说明设计，色彩设计，图形、图案设计，总体编排的设计。

职业能力目标

1）了解包装设计的基本过程。
2）能根据实际要求独立构思平面、立体效果。
3）熟练处理制作过程中所使用的图片、文字要素。
4）能根据所学内容独立完成包装盒的制作。

任务1 设计巧克力包装

》任务情境

由于巧克力具有独特的爱情属性并具有良好的口感，在七夕、情人节等节日上，情侣之间常会互赠巧克力表达感情。现在以"情深意浓、香甜悠长"为主题设计一款可以容纳30颗巧克力的礼品盒。

》任务分析

通过市场调查，巧克力包装多为简单造型，为了消除过度包装，选用简单大方的长方体为外包造型，规格为24厘米×16厘米×5厘米。由于精致图案更容易引起人们的购买欲望，促进销售，且巧克力有自己独特的爱情属性，所以选择飘逸丝带及心形巧克力图片等作为素材，用心形巧克力制作蝴蝶效果寓意"比翼飞"突出主题。合理而恰当地运用色彩，能引起消费者对巧克力的初始购买欲望，整体以巧克力色和咖啡色为主色调，色彩沉稳大方，透出一种优雅、清香的感觉。在图形及文字设计上重点表现巧克力口感特色，突出"香甜悠长"主题。巧克力包装平面效果、立体效果分别如图10-1和图10-2所示。

图10-1 巧克力包装平面效果

图10-2 巧克力包装立体效果

》 任务实施

1. 创建文档

1）根据制图前设计的"规格"图10-3所示，计算画布大小为58厘米×26厘米。

2）运行Photoshop CC，选择"文件"→"新建"命令，弹出"新建文档"对话框，新建一个PSD文档（巧克力包装平面设计图.PSD），基本设置信息如图10-4所示，设置好后单击"创建"按钮。

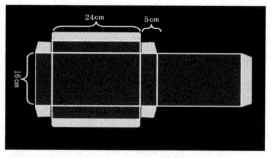

图10-3 包装规格图

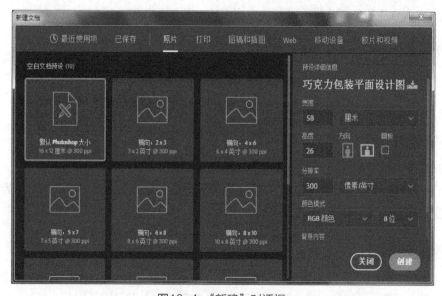

图10-4 "新建"对话框

图10-5　设置参考线后划分区域

2. 添加参考线

选择"视图"→"新建参考线…"命令，弹出"新建参考线"对话框。分别在垂直5厘米、29厘米、34厘米，水平5厘米、21厘米处建参考线，如图10-5所示。

> 说明：① 添加参考线还可以直接从水平、垂直标尺上拖出，但是不够精确。参考线的添加有利于版面的划分与设计，在对齐过程中也经常使用。
> ② 标尺上的度量单位设置：在标尺上右击后选择相应的度量值。

3. 制作背景

1）将背景层填充为黑色，并将画布颜色设为"浅灰"，以便突出后面制作的图片效果，如图10-6所示。

> 说明：设置画布颜色的方法为"右击"画布，在弹出的快捷菜单中选择需要的颜色，如图10-7所示。

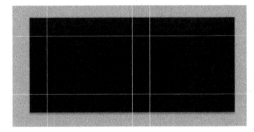

图10-6　填充背景为黑色

图10-7　设置画布颜色

2）单击图层面板中的"创建新组"按钮■新建一个组，命名为"背景"，用于存放相关背景图像。在组中新建层，命名为"框架"。在图10-5所示的"正面"区域位置制作正面选区，选择"编辑"菜单中的"描边"选项，弹出图10-8所示的对话框进行描边，设置颜色为白色，大小为"15"。

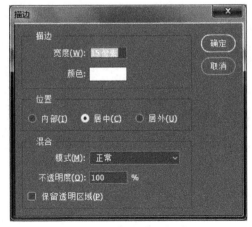

图10-8　"描边"对话框

3）用同样的方法制作其他5个面的框架，效果如图10-9所示。

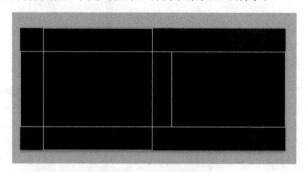

图10-9　制作框架

4）用"魔棒工具" 单击正面区域选定"正面"选区。

5）选择"油漆桶工具组" 中的"渐变工具" ；双击"选项"面板中的"渐变编辑器"按钮，在弹出的对话框中设置渐变色，如图10-10所示。

图10-10　渐变色设置

6）拖动鼠标填充出如图10-11所示的效果。

图10-11　填充渐变色至正面区域

7）用同样的方法选择"背面"区域，设置渐变色。

8）选择"油漆桶工具"，设置颜色为深咖啡色，利用"魔棒工具"分别制作前、后、左、右面选区，填充颜色，效果如图10-12所示。至此背景制作完毕。

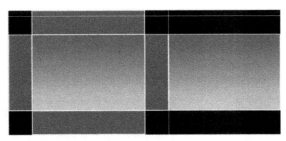

图10-12　包装盒展开图背景

说明：颜色可以通过"吸管工具"在效果图中拾取。

4．制作正面

1）新建一个名为"正面"的组。

2）在Photoshop中打开素材"底图.GIF"，按<Ctrl+A>组合键全选后按<Ctrl+C>组合键进行复制，切换回"巧克力包装.PSD"文件，按<Ctrl+V>组合键粘贴在"正面"组中，命名当前层为"底图"。按<Ctrl+T>组合键在"选项"面板中设置图像大小为W：2830像素，H：747像素，使得"底图"正好占满"正面"区域。

说明：① 本项目中素材大多已经抠好，但在实践中抠图方法经常使用，因此作为基本功应该多加练习。

② 改变图像大小也可以通过"编辑"菜单中的"变换"命令实现；拖动控制点也能改变大小，但要精细调整还得用"选项"面板设置。

③ 为了使得图像线条平滑一些，可以利用"钢笔工具"勾出区域制作选区后，删除多余部分。也可以利用"涂抹工具""模糊工具"制作羽化效果似的图片，与背景尽可能融合。

3）双击"底图"层为其添加"斜面和浮雕"效果，使图片具有一定的立体感，对话框设置如图10-13所示。大小为27像素，软化为5像素，阴影模式为"正面叠底"，颜色为咖啡色。

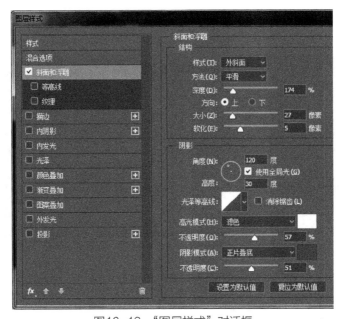

图10-13　"图层样式"对话框

4）选择"文件"→"置入嵌入的智能对象"命令，置入"丝带.BMP"到当前图层上方；栅格化该图层为普通图层；利用所学工具删除白色背景，可以适当羽化边缘；改变大小及位置，设置图层透明度为"70%"，如图10-14所示。利用"矩形选框工具"删除"丝带"超出包装盒以外的区域，效果如图10-15所示。

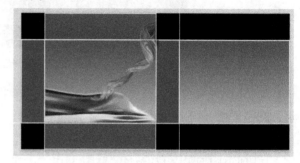

图10-14　图层面板　　　　　　　　　　图10-15　删除后效果图

说明：丝带色彩不理想可以通过调整曲线、色彩平衡来快速改变颜色。

5）使用同样的方法，将"心形巧克力.BMP"素材置入，删除白色背景。

6）按<Ctrl+J>组合键复制"心形巧克力层"，调整大小和调整位置使得两层合成蝴蝶飞舞状，如图10-16所示。

7）选择"横排文字工具"，输入"Chocalate"，设置字体为"Edwardian Script ITC"，颜色为"黑色"，字号为"100"点，调整位置到心形巧克力的下方。

说明：可以根据自己的审美观点和需要，上网选择一些合适的字体下载安装后使用。

8）双击"Chocalate"文字层，在"图层样式"对话框中添加外发光效果，设置"扩展"为"25%"，"大小"为25像素。

9）制作商标图案。新建图层，命名为"商标"。用"椭圆选框工具"制作椭圆选区，右击"描边"，设置大小为"15"，颜色为"红色"。在椭圆内部填充米黄色，效果如图10-17所示。

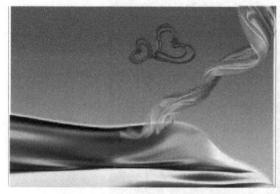

图10-16　制作蝴蝶效果　　　　　　　　图10-17　制作商标底图

10）利用"文字工具"创建矩形区域，设置字体为"隶书"，颜色为"黑色"，字号为"36"，输入"商标"两字，确定后调整位置至椭圆形正上方。

11）选择"文件"→"置入"命令，分别置入"巧克力1.GIF""巧克力2.GIF""巧克力3.GIF"，调整位置、大小到合适，如图10-18所示。

图10-18　为商标添加文字

5. 制作"左侧"面

1）在"正面"组上方建一个新组，命名为"左侧"。

2）在图层面板中同时选中"正面"组内的"Chocalate"文字层、"商标"图层、"商标"文字层，拖动到图层面板的"新建"按钮上复制出三个新层，将三个新层拖动到左侧组。

> 说明：选中连续层，可以在按住<Ctrl>键的同时依次单击各层；选中不连续多层，则可以先单击第一层，然后按住<Shift>键的同时单击最后一层。

3）单击"左侧"组，选中。选择"编辑"→"变换"→"顺时针旋转90度"命令，将商标旋转90度。选中"Chocalate"文字，将其大小改为"80"点；选中"商标"文字，将其改为"22"点，适当调整"商标"椭圆图层大小，调整"左侧"组图像位置到如图10-19所示的效果。

6. 制作"背面"

1）在"右侧"组上方建一个新组，命名为"背面"。

2）选择"横排文字工具"创建矩形区域，设置字体为"方正舒体"，颜色为"白色"，字号为"48"点，输入"浓情巧克力"；双击文字层在"图层样式"对话框中设置外发光效果，"扩展"为"9%"，"大小"为"49像素"，如图10-20所示。

图10-19　制作左侧区域图文效果

图10-20 设置"外发光"效果

3)打开素材中的"巧克力包装文字内容.DOC",复制所有文字待用。利用"横排文字工具"再创建一个矩形框,粘贴文字,设置字体为"隶书",颜色为"白色",字号为"22"点,调整两个文字层位置到左上侧,如图10-21所示。

4)分别置入"QS.JPG"和"条码.JPG"图片调整大小及位置,如图10-22所示。至此平面效果图制作完毕。

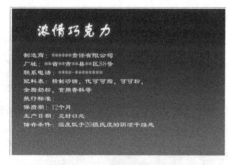

图10-21 背面文字效果

图10-22 背面效果

说明:立体效果图可以在导出的平面图的基础上切开各块区域,利用透视、斜切、旋转和扭曲等方法实现,适当制作一些阴影效果,同学们可以在教师的指导下完成。

任务2 设计月饼包装

▶ 任务情境

中秋节将至,××食品公司准备推出一款新的月饼包装盒,通过市场调研和策划最终确定了主题为"富贵、团圆",规格为30厘米×25厘米×5厘米,下面将进行月饼内、外包装

盒效果图的设计，内外包装作为一个系列，主题、色调要做到基本统一。

≫ 任务分析

月饼包装同类产品很多，要引起人们的注意，需从主题、内容、图片及色彩等方面着手。为突出富贵主题，在制作过程中选择了金黄色作为主色调，牡丹作为配图，这两者都有华贵的意思；为突出另一"团圆"主题采用了中国元素素材，既能体现团圆又能表达中秋节为传统节日。最终外包装盒平面效果如图10-23所示，外包装立体效果如图10-24所示。

图10-23　月饼平面包装效果

图10-24　月饼外包装立体效果

≫ 任务实施

1. 创建文档

运行Photoshop CC 2017，新建一个PSD文档（月饼包装.PSD）。其大小为30厘米×55厘米，分辨率为"300像素/英寸"，背景为"白色"。

> 说明：① 包装盒平面展开图的大小应根据实际需求设定。本次设计中月饼外包装盒正面规格为30厘米×25厘米，正、背面加预留空隙，设置画布大小为30厘米×55厘米。
>
> ② 包装盒的展开方法不同，计算尺寸的方法也不同。

2. 添加参考线

分别在水平25厘米、30厘米处建参考线，如图10-25所示。

图10-25　设置参考线

3. 制作背景

1）单击"图层"面板中"创建新组"按钮 □ 创建新组，命名为"外包装盒平面图"；在"外包装盒平面图"组内再创建一个"背景"组。

2）在"背景"组中新建图层，命名为"背景色"。

3）通过"矩形选框工具"制作正、背面两个区域，设置填充色为#d9941e，如图10-26所示。

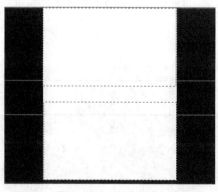

图10-26　制作选区

4）新建"图层2"，命名为"背景图案"，同理制作正、背面选区。

5）选择"油漆桶工具" ，在工具选项栏中设置填充内容为"图案"，选择"彩色纸"（见图10-27）中的"红色犊皮纸" ，填充图案。

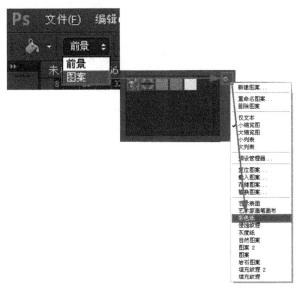

图10-27　填充图案操作步骤

说明：当制作复杂图像时，通常图层较多，一般要对各个图层命名，方便修改。

6）设置"背景图案"层的图层样式为"叠加"，效果如图10-28所示。

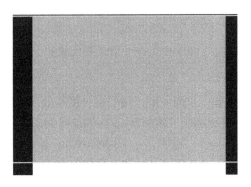

图10-28　设置"叠加"样式后效果

4. 制作包装盒背面效果

1）在"背景"组上方新建"背面"组，如图10-29所示。

图10-29　新建"背面"组

2）选择"文件"→"置入嵌入的智能对象"命令，弹出对话框，选择"素材1.JPG"，按<Enter>键置入，按<Ctrl+T>组合键后调整其大小至刚好覆盖背面的区域，设置图层的"不透明度"为55%，如图10-30所示。

图10-30　设置图层"不透明度"

3）在当前层上方置入"素材2.JPG"，调整大小至刚好覆盖月饼盒"背面"位置为止。按<Ctrl+T>组合键，右击，在弹出的快捷菜单中选择"旋转180度"命令，设置该图层效果为"变暗"，不透明度为"50%"，效果如图10-31所示。

图10-31　外包装盒背面效果

5. 制作包装盒正面效果

1）在"背面"组上方新建"正面"组，用于存放包装盒"正面"相关图层。

2）按<Ctrl+J>组合键复制图层"素材1"为"素材1拷贝"，移至"正面"组中，设置"不透明度"为"35%"，填充为"90%"，图层样式为"线性加深"。

3）在该层下方新建图层"底色"，填充颜色为#e6691d。

4）选中"素材1拷贝"图层，右击，在弹出的快捷菜单中选择"栅格化图层"命令；利用"椭圆选框"及"矩形选框工具"，按<Shift>键或工具选项栏中的"添加到选区工具"，制作如图10-32所示的选区。

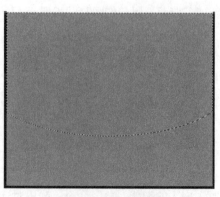

图10-32　制作选区

5）先后选择"底色"层、"素材1拷贝"层，删除选区中内容；选择"图像"→"调整"→"色彩平衡"命令，弹出对话框，调整"素材1拷贝"层的中间调，如图10-33所示。

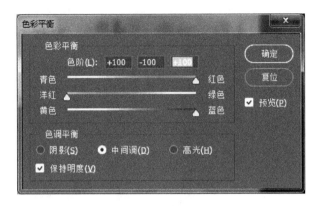

图10-33 设置色彩平衡

6）双击图层，弹出"图层样式"对话框，设置浮雕、外发光效果，如图10-34所示。"深度"为"324%"，"大小"为"35"，"阴影角度"为"27度"，"高度"为"50度"。

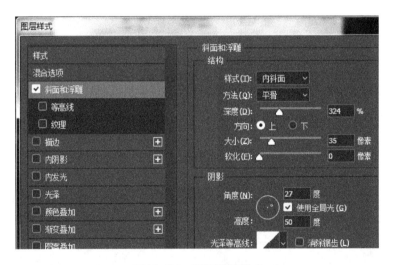

图10-34 设置图层样式

7）置入"素材3"到当前层的下方，按<Ctrl+T>组合键，在工具选项栏中设置其大小为5厘米×20厘米，调整位置与上边线对齐，如图10-35所示。

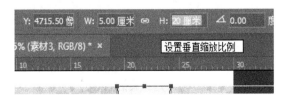

图10-35 设置图像大小

8）打开素材中的两幅牡丹图，分别进行抠图，并复制到当前文档的"素材3"层下方，调整大小、位置和透明度，效果如图10-36所示。

9）分别打开素材"嫦娥奔月.JPG""圆形花纹.JPG"和"月饼.JPG"素材，抠图并复制到当前文档中，置于当前组的最上方，调整大小、位置和透明度，效果如图10-37所示。

图10-36　调整图层大小、位置和透明度

图10-37　置入图像

10）选择"文字工具"中的"直排文字工具"，在"圆形花纹"上方输入"中秋月饼"字样，设置"字体"为"隶书"，大小为"72点"，颜色为"白色"。双击文字层，在"图层样式"对话框中添加描边效果，"位置"为"外部"，"大小"为"18像素"，"颜色"为"黑色"，如图10-38所示。

图10-38　设置描边效果

11）添加文字层，输入"月圆中秋　尽享天伦"字样，在字符面板中设置字符格式，如图10-39所示。

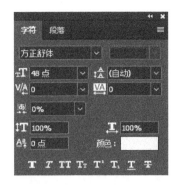

图10-39 字符选项卡

12）"右击"文字层，选择"混合选项"命令，勾选图层样式对话框中的"斜面和浮雕"选项，设置默认浮雕效果，设置"外发光"效果，如图10-40所示。

说明：在此处只用了系统提供的字体。制作过程中，可下载一些特殊字体，也可通过之前项目介绍的内容，利用"涂抹工具"、渲染的方法制作特殊文字，使得整体效果更美观一些。

13）保存图像成PSD格式后，另存为"月饼包装.jpg"。

图10-40 设置外发光效果

6. 制作外包装袋立体图

1）在"外包装盒平面图"组上方新建组"礼袋立体图"。

说明：同学们可以新建文件单独制作外包装袋立体图。

2）隐藏之前制作的"外包装盒平面图"组。

3）打开"月饼包装.jpg"，复制正面区域到当前组中，命名为"正面"。

4）按<Ctrl+T>组合键，调整大小为"20厘米×15厘米"，右击，在弹出的快捷菜单中选择"斜切""扭曲""自由变换"等命令实现以下效果，如图10-41所示。

图10-41　包装袋正面效果

5）拖动两条参考线，分别至图像顶部和底部，为制图提供参考。新建图层，命名为"左"，利用"多边形套索工具"制作如图10-42所示的选区，填充颜色为#462b00。

图10-42　制作左侧选区

6）新建图层，命名为"右"，制作如图10-43所示的选区，填充颜色为#613a00。

图10-43　制作右侧选区

7）新建图层，命名为"下"，制作如图10-44所示的选区，填充颜色为#583400。

图10-44　制作下侧选区

8）新建图层，命名为"纸袋洞孔"，用"椭圆选框工具"制作一个小圆，填充黑色。按 〈Ctrl+J〉组合键复制该图层，调整到图10-45所示的位置。

图10-45　制作纸袋洞孔

9）置入"素材4"，调整大小和位置，最终效果如图10-46所示。

图10-46　最终效果图

说明：在时间充足的情况下，同学们可以用素材中的"中国元素流苏.GIF"素材和选区 工具，使用图层样式自己制作绳子。学有余力的同学可以制作如图10-24所示的阴影。

技能考核评价表

考核时间	考核项目	分值	自我评价	小组评价	教师评价	企业评价
	抠图基本技巧	15				
	图层样式的使用	10				
	曲线、色彩的应用	10				
45min	标尺的应用	10				
	图像的变形	10				
	整体布局	25				
	团队合作	20				
合计		100				

项目拓展

一、填空题

1）当制作选区时，需要从选区减去，可以先按住＿＿＿＿＿＿＿键。

2）复制图层使用组合键＿＿＿＿＿＿＿。

3）在Photoshop中，新建文件默认一般使用分辨率＿＿＿＿＿＿像素/英寸，进行包装设计或者精美印刷图片的分辨率最小应不低于＿＿＿＿＿＿＿像素/英寸。

4）"套索工具"中包含三种不同类型的套索，分别为＿＿＿＿＿＿＿、＿＿＿＿＿＿＿、＿＿＿＿＿＿＿。

二、简答题

1）调节Photoshop中图像色彩时，可以采用哪些方法？

2）简要说明图层样式包括哪些效果。

3）简要介绍设计包装袋时需要注意哪些因素。

三、拓展训练

1）月饼盒的内包装盒由同学们自己设计，可以参照素材中"项目拓展"文件夹下的"内包装平面效果图.JPG"，如图10-47所示。素材文件夹中有相关图片素材和文字素材"月饼盒文字.DOC"，也可以自行制作和下载，要求突出主题。

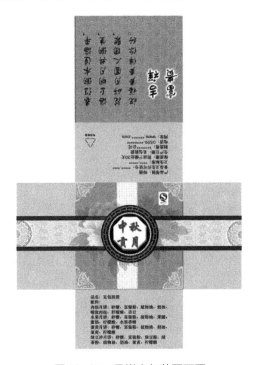

图10-47　月饼内包装平面图

2）参照包装袋立体图的制作方法，请同学们制作外包装盒立体图，参照图10-48。

图10-48　外包装盒立体图

3）利用课余时间搜集素材制作一款美白效果牙膏包装盒，大小为12厘米×4厘米×2.5厘米。

项目11　封面和装帧设计

 **≫ 项目概述**

封面是通过艺术形象设计的形式来反映商品的内容，同时起到美化商品或保护商品的作用。封面设计效果必须具有一定的艺术魅力。优秀的封面设计本身是一件好的装饰品，它融艺术与技术为一体，是观念、形状、色彩、质感、比例、大小和光影的综合表现。成功的封面设计作品一定能给人以美的享受。

职业能力目标

1）了解CD盘片、书籍装帧及杂志封面设计的基础理论知识。
2）掌握使用Photoshop CC进行封面设计的常见方法与技巧。
3）能够使用Photoshop CC设计制作较为精美的封面装帧类作品。

任务1　设计CD唱片封面

≫ 任务情境

优秀的CD唱片封面设计既体现出强烈的时代感又充满了浓浓的文化思想，它是大众文化需求的化身，承载着艺术与商业的双重诉求。CD唱片除了本身内容外，商家还很注意CD盘面的美观，而这要靠设计师们在这小小方寸之间进行构思了。本任务就一起来设计一张喜庆的婚庆CD封面吧。

≫ 任务分析

任务设计制作的基本过程：首先通过设置参考线来确定CD盘面的中心点、冲孔、外轮廓以及出血位的位置及尺寸，然后依据参考线对盘面进行绘制，导入所需素材，最后细致调整素材大小、方向、位置并设置投影等效果。

≫ 任务实施

1. 盘面尺寸确定

1）打开Photoshop CC软件，按<Ctrl+N>组合键，在弹出的"新建"对话框中输入文件名称：婚庆CD盘面设计，设置"宽度""高度"均为12.6厘米，"分辨率"为300像素/英寸，"颜色模式"为CMYK颜色，"背景内容"为白色，设置好后单击"确定"按钮创建一个新文件。具体设置如图11-1所示。

2）创建预留出血位参考线。选择"视图"→"新建参考线…"命令，分别在每边向内0.3厘米处创建参考线。四根参考线具体位置设置如图11-2所示。

图11-1 "新建"对话框设置

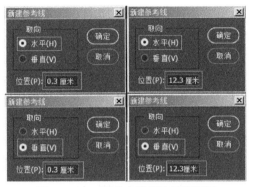

图11-2 四根参考线具体位置设置

3）创建用于确定盘面中心位置及冲孔位置的4根参考线。选择"视图"→"新建参考线…"命令，分别创建1根垂直参考线和3根水平参考线。4根参考线的具体位置设置如图11-3所示。所有参考线创建好后效果如图11-4所示。

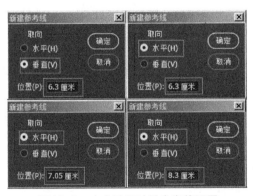

图11-3 中心孔及冲孔参考线设置

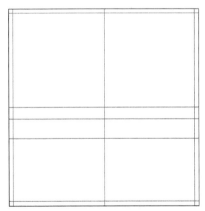

图11-4 参考线设置效果

2. 盘面绘制

1）在图层面板中，单击"创建新图层"按钮新建"图层1"。选择"椭圆工具"，在"工具模式选项"中选择"路径"选项。在参考新标定的中心位置单击鼠标，在弹出的"创建椭圆"对话框中进行图11-5所示的设置，单击"确定"按钮。

图11-5 "创建椭圆"参数设置

2）按<Ctrl+Enter>组合键将路径转化为选区，单击"渐变工具，选择"线性渐变"，编辑渐变设置（位置：0%，颜色：C45、M100、Y100、K15；位置：100%，颜色：C2、M100、Y100、K0），由上向下拖动鼠标对选区进行线性填充，按<Ctrl+D>组合键取消选区，效果如图11-6所示。

3）新建"图层2"，选择"椭圆选框工具"，在盘面中心位置单击，按住<Shift>和<Alt>键的同时拖动鼠标绘制直径为4厘米的盘面中心正圆（依据参考线确定圆的位置和大小），设置前景色为C54、M46、Y42、K0。按<Alt+Delete>组合键向选区内填充当前前景色，按<Ctrl+D>组合键取消选区，效果如图11-7所示。

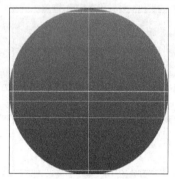
图11-6 渐变填充效果

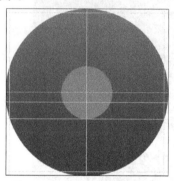
图11-7 中心正圆填充效果

4）新建"图层3"，单击"椭圆选框工具"在盘面中心位置单击，按住<Shift>和<Alt>键的同时拖动鼠标绘制直径为1.5厘米的盘面冲孔正圆（依据参考线确定圆的位置和大小），设置前景色为白色，按<Alt+Delete>组合键向选区内填充当前前景色，按<Ctrl+D>组合键取消选区，效果如图11-8所示。

3. 导入素材

1）打开任务素材"11-1.PSD"文件，单击"移动工具"，勾选"自动选择"复选框，分别单击拖动"星光1"和"星光2"素材至"婚庆CD盘面设计"文件中"图层1"的上方。调整素材位置、大小和角度，效果如图11-9所示。

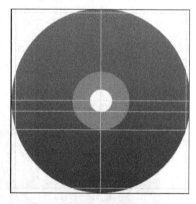
图11-8 冲孔正圆填充效果

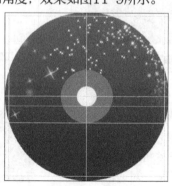
图11-9 导入"星光"素材

2）导入"婚礼的祝福"素材。单击"添加图层样式"按钮，选择设置"投影"效果，具体参数设置如图11-10所示。单击"确定"按钮后，调整素材的位置，效果如图11-11所示。

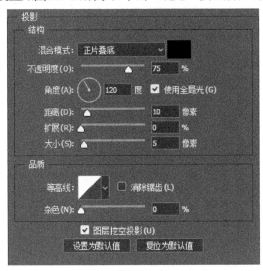

图11-10　"投影"效果设置　　　　　　　　图11-11　导入"婚礼的祝福"素材

3）采用同样的方法，将"人物"和"双喜"两个素材导入进来，放置位置如图11-12所示。

4）继续采用上述方法将"花边"素材拖动到当前文件中。选中并拖动"花边"图层至"新建图层"按钮，创建"花边副本"图层，调整"花边"及"花边副本"图层的位置、大小及方向，效果如图11-13所示。

图11-12　导入"人物"和"双喜"素材　　　　图11-13　导入"花边"素材

5）输入文字"婚庆Music CD"，"字符"面板设置如图11-14所示，其中字符颜色为：C0、M10、Y100、K0，效果如图11-15所示。

6）按下<Ctrl>键的同时，单击"图层1"图层，获得圆形选区，执行"选择"→"反向"命令。单击选中"花边"图层，按<Delete>键清除盘面外的多余花边。用同样的方法清除"花边副本"盘面外的多余花边。取消选区。选择"视图"→"清除参考线"命令，清除所有参考线。

7）按<Ctrl+S>组合键，将文件以文件名"婚庆CD盘面设计.PSD"进行保存。

图11-14 "字符"面板设置

图11-15 婚庆CD盘面设计

 知识加油站

1. CD盘面规格尺寸

CD（Compact Disk，激光唱片，光盘），是一个用于所有CD媒体格式的一般术语。现在市场上有的CD格式包括声频CD、CD-ROM、CD-ROM XA、照片CD、CD-I和视频CD等。在这多样的CD格式中，人们最为熟悉的是声频CD，它是一个用于存储声音信号轨道如音乐和歌曲的标准CD格式。

1）3英寸CD盘尺寸如图11-16所示。

外径80毫米，内圈圆孔15毫米。

印刷尺寸：外径78毫米，内径38毫米，也有印刷到20毫米或36毫米的。

凹槽圆环直径：33.6毫米（不同的盘稍有差异，也有没凹槽的）。

图11-16 3英寸CD盘尺寸

2）5英寸CD盘尺寸如图11-17所示。

外径120毫米，内圈圆孔15毫米。

印刷尺寸：外径118毫米或116毫米，内径38毫米，也有印刷到20毫米或36毫米的。

凹槽圆环直径：33.6毫米（不同的盘稍有差异，也有没凹槽的）。

图11-17　5英寸CD盘尺寸

2. 封面设计色彩运用

封面设计同绘画创作一样，都是空间艺术。但它又和绘画有所不同，研究封面设计的艺术规律，首先要研究封面这一艺术形式自身所具备的某些特性，同时也要研究它与其他造型艺术的区别。

封面设计色彩运用有如下特征：

（1）色彩的整体性　当一种色相确定后，需要找准符合产品格调的不同程度的色重或明暗。当成套的同类产品摆放在受众群体面前时，色块的分割以及固定位置的色彩都必须产生系列、整体的感觉。如果造成分离、凸显或相异的印象，则说明色彩语言过于激烈，或者表明色彩语言太保守沉默，效果如图11-18所示。

图11-18　色彩的整体性

（2）色彩的独特性　　独特性即个性。如果统一处理的元素过多，当几个产品放到一起时，就会觉得封面单调、死板，而且不能很好地传达每一个产品的独特意义，会减弱各自的个性特征。由于色块的分割从整体系列化角度出发，可以凸显的独特性很受限制，所以只能对不同主题下封面图形的色彩进行特质的强调，效果如图11-19所示。

图11-19　色彩的独特性

（3）色彩的识别性　　色彩的情感效应和情感表现力有关于观察者的视觉经验，也与它的记忆、联想等心理活动发生联系，并唤起内心的共鸣，从而形成色彩认知。色彩的认知度主要取决于形状的色彩与周围色彩的关系，特别是它们之间的明度对比关系。明度对比越强，色彩的认知度就越高，因此也就越清楚，效果如图11-20所示。

图11-20　色彩的识别性

然而仅有美观的外表会给人留下华而不实的印象，精要和概括是封面色彩语言传达的要旨。将客观因素与主观因素巧妙结合，用尽可能少的元素传达尽可能多的信息，以增强封面色彩语言的认知程度。

任务2　设计精装书籍封面

▶ 任务情境

在书店、图书馆，人们往往会被设计精美的图书所吸引，甚至爱不释手。那么你真正了解书籍封面的构成吗？你想到过自己动手来设计一套书籍的封面吗？现在就一步一步亲自完成一套书籍的封面设计吧。

▶ 任务分析

本任务完成一款具有中国传统风格书籍的装帧设计。首先按照书籍的标准规格建立确定书籍封面尺寸的参考线、设计书籍封面背景，导入并设置花边及封面封底的图片素材的样式，最后输入各部分文字内容，完成书籍装帧设计任务。

▶ 任务实施

1. 制作背景

图11-21　"新建"对话框设置

1）打开Photoshop CC软件，按<Ctrl+N>组合键，在弹出的"新建"对话框中输入文件名称"国画名作鉴赏"。设置"宽度"为33.8厘米，"高度"为19厘米，"分辨率"为300像素/英寸，"颜色模式"为"CMYK颜色"，"背景内容"为白色，设置好后单击"确定"按钮，创建一个名为"国画名作鉴赏.PSD"的新文件，效果如图11-21所示。

2）选择"视图/新建参考线…"命令，建立参考线。按照书脊宽度为12毫米，勒口宽度为60毫米，出血为3毫米的大小，确定封面、封底、勒口和书脊的尺寸。两根水平参考线的位置为0.3厘米、18.7厘米，6根垂直参考线的位置为0.3厘米、33.5厘米、6.3厘米、27.5厘米、16.3厘米、17.5厘米，效果如图11-22所示。

3）设置前景色：C2、M9、Y24、K0，按<Alt+Delete>组合键使用当前前景色填充背景图层，得到如图11-23所示的效果。

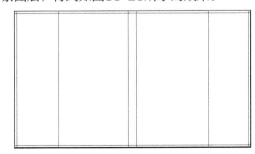

图11-22　参考线设置效果

图11-23　背景图层填色

4）选择"滤镜"→"杂色"→"添加杂色…"命令，打开"添加杂色"对话框，设置参数，如图11-24所示。单击"确定"按钮，得到如图11-25所示的效果。

图11-24　添加杂色设置

图11-25　添加杂色效果

5）打开任务配套素材"11-21.JPG"文件，使用"移动工具"将素材图片拖移到新文件中的左下位置，然后多次复制素材图层沿下边界摆放，直至右下角边界处，最后合并所有素材图层，将合并后的图层命名为"素材1"，并设置"素材1"图层的混合模式为"正片叠底"，效果如图11-26所示。

6）复制"素材1"图层，将产生的"素材1副本"图层移至画布的上边界，选择"编辑"→"变换"→"垂直翻转"命令。合并"素材1"和"素材1副本"两个图层，将合并后的图层仍然命名为"素材1"，效果如图11-27所示。

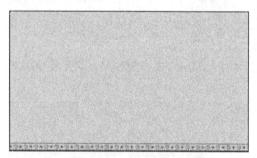

图11-26　底边花边效果

图11-27　顶边花边效果

2. 导入素材

1）打开任务配套素材图片"11-22.JPG"，单击"移动工具"将素材图片放到新文件的封面中，将新图层命名为"素材2"。给图层添加"内阴影"图层样式，具体设置如图11-28所示，得到如图11-29所示的效果。

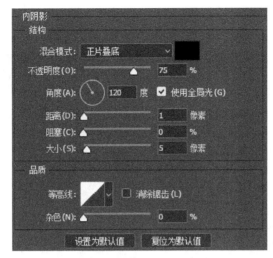

图11-28 "内阴影"图层样式参数设置

图11-29 "内阴影"效果

2）打开任务的素材图片"11-23.JPG"，单击"移动工具"将素材图片放到新文件的封底中部，将新图层命名为"素材3"，效果如图11-30所示。

图11-30 导入封底墨滴素材

3）打开任务的素材图片"11-24.JPG"，使用"移动工具"将素材图片拖放到新文件的封底中部，将新图层命名为"素材4"，效果如图11-31所示。

图11-31　导入封底群马素材

4）选择"椭圆选框工具"，按<Shift+Alt>组合键，单击"素材4"图片的中心位置，拖动鼠标绘制正圆选区，然后右击鼠标执行"羽化"命令，将选区羽化100像素。单击图层面板下方的"添加图层蒙版"命令，得到如图11-32所示的效果。

图11-32　添加矢量蒙版

5）打开任务的素材图片"11-25.JPG"，使用"移动工具"将素材图片拖放到新文件的前勒口上中部位置，将新图层命名为"素材5"并设置图层的混合模式为"正片叠底"，效果如图11-33所示。

6）打开任务的素材图片"11-26.JPG"，使用"移动工具"将素材图片拖放到新文件的封底右下部位置，将新图层命名为"素材6"，效果如图11-34所示。

图11-33　导入前勒口素材

图11-34　导入条形码素材

3. 输入文字

1）前勒口文字输入。在前勒口人物剪影的下方输入作者简介的文字内容。标题文字设置：字体为"新宋体"、字号大小为"8"，加粗显示。作者简介文字内容设置：字体为"新宋体"、字号大小为"8"，效果如图11-35所示。

2）封面文字输入。选择"直排文字工具"在封面右上部输入书名"国画名作鉴赏"（字体：腾祥伯当行楷繁、字号大小：36、字距调整：200）。继续使用"直排文字工具"在书名左下部输入文字"壹麦传奇　著"（字体：幼圆、字号大小：12、字距调整：200）。使用"横排文字工具"在封面中下部输入文字"千里麦香出版社"（字体：华文宋体、字号大小：12、字距调整：200），效果如图11-36所示。

图11-35　输入前勒口文字

图11-36　输入封面文字

3）书脊及封底文字输入。选择"直排文字工具"在书脊处由上而下分别输入书名"国画名作鉴赏"（字体：腾祥伯当行楷繁、字号大小：22、字距调整：200）、作者"壹麦传奇　著"（字体：幼圆、字号大小：12、字距调整：200）、出版社"千里麦香出版社"（字体：华文宋体、字号大小：12、字距调整：100）。使用"横排文字工具"在封底条码下方输入书籍价格"定价：66.5元"（字体：宋体、字号大小：8、字距调整：100）及网址信息"www.ymcqpress.com.cn"（字体：Arial、字号大小：8、字距调整：100），效果如图11-37所示。

4）后勒口文字输入。使用"横排文字工具"在后勒口上部输入文字即责任编辑和书籍设计文字信息（字体：华文宋体、字号大小：10、字距调整：200），效果如图11-38所示。

图11-37　输入书脊及封底文字

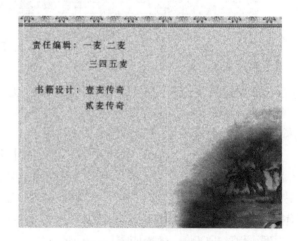

图11-38　输入后勒口文字

5）至此书籍封面设计完成，最终整体效果如图11-39所示。以文件名"国画名作鉴赏.PSD"保存文件。

图11-39　国画名作鉴赏

 **知识加油站**

1. 书籍装帧设计的主要内容

（1）护封　护封也称为封套、包封、外包封、护书纸、护封纸，是包在书籍封面外的另一张外封面，有保护封面和装饰的作用，既能增强书籍的艺术感，又能使书籍免受污损。护封一般采用高质量的纸张，印有书名和装饰性的图形，有勒口，多用于精装书。也有的用250克或300克卡纸作为内衬外加护封，称作"软精装"。

（2）封面　封面也称为书面、书衣、封皮、封一、前封面。一般指裹在书心外面一页的表层，对书籍来说包括封一、书脊和封四（封底）；杂志则还包括封二、封三、封底，印有出版机构的标志、书籍条码、书号和定价。

（3）书脊　书脊又称为封脊，是书的脊部，连接书的封面和封底，是书籍成为立体形态的关键部位。通常有三个印张以上的书可在书脊上印有书名、册次（卷集）、著译者、出版者，以便于读者在书架上查找。厚本书籍可以进行更多的装饰设计。精装本的书脊还可采用烫金、压痕和丝网印刷等诸多工艺来处理。

（4）书函　书函又称为书帙、书套。包装书册的盒子、壳子或书夹均统称为书函。具有保护书册，增加艺术感的作用，一般用木板纸板和各种色织物黏合制成。

（5）订口、切口　订口指书籍装订处到版心之间的空白部分。订口的装订可分为串线订、三线订、缝纫订、骑马订、无线粘胶装订等。

切口是指书籍除订口外的其余三面切光的部位，分为上切口（又称为"天头"）、下切口（又称为"地脚"）、外切口（又称为"书口"）。直排版的书籍订口多在书的右侧，横排版的书籍订口则在书的左侧。

（6）勒口、飘口　勒口又称为折口，是指平装书的封面和封底或精装书护封的切口处多留5～10毫米空白处并沿书口向里折叠的部分。勒口上有时印有内容提要或书籍介绍、作者简介等。精装书或软精装书的外壳要比书芯的三面切口各长出3毫米，用来保护书芯。

2. 书籍的开本与设计

开本设计是指书籍开数幅面形态的设计。

书籍开本的设计要根据书籍的不同类型、内容和性质来决定。不同的开本、会产生不同的审美情趣。不少书籍因为开本选择得当，使形态上的创新与该书的内容相得益彰，受到读者的欢迎。

选择开本，一般要根据以下4个原则进行。

1）书刊的性质和专门用途，以及图表和公式的繁简和大小等。

2）文字的结构和编排体裁，以及篇幅的大小。

3）使用材料的合理程度。

4）使整套丛书形式统一。

经典著作、理论类书籍、学术类书籍，一般多选用32开或大32开，此开本庄重、大方，适于案头翻阅。

科技类图书及大专教材因容量较大，文字、图表多，适合选用16开本。

中、小学生教材及通俗读物以32开本为宜，便于携带、存放。

儿童读物多采用小开本，如24开、64开，小巧玲珑，但目前也有不少儿童读物，特别是绘画本读物选用16开，甚至是大16开，图文并茂，倒也不失为一种适用的开本。

大型画集、摄影画册，有6开、8开、12开和大16开等，小型画册宜用24开、40开等。

期刊一般采用16开本和大16开本。大16开本是国际上通用的开本。

3. 书籍装帧设计的元素

（1）字体　中英文字体匹配练习，字体变形练习。

字体选择的原则就是字体与整体版面的风格及主题一致。

设计师要根据书籍整体设计的内容与要求来确定，不同的字体，有不同的特征和视觉传达效果。

宋体字形方正，横平竖直、横细竖粗、棱角分明，应用于书刊正文排版。

仿宋有宋体结构，粗细一致、清秀挺拔，多用于诗歌的排版。

黑体字形端庄，横平竖直、笔画等粗、均匀醒目，多用于书刊中的书名、标题排版。

楷书的笔画结构稳定、柔和均匀、美观大方，一般用于标题字、小学课本及婴幼儿读物。

掌握熟悉字体的特征，对字体创意以及字体在书籍设计稿中的运用有着举足轻重的作用。完整的字体设计包括文字形、音、义整体的传递。能够通过文字起到加深读者对书主题和内容的感受。

（2）图形　书籍封面上的图形包括了摄影、插画和图案，有写实的、抽象的，还有写意的。封面设计的造型要带有明显的阅读者的年龄、文化层次等特征。如对少年儿童读物形象要具体、真实和准确，构图要生动活泼，尤其要突出知识性和趣味性；对中青年到老年人的读物，形象可以由具象渐渐转向于抽象，宜采用象征性手法，构图也可由生动活泼的形式转向于严肃、庄重的形式。

1）具体的写实手法应用在少儿的知识读物、通俗读物和某些文艺、科技读物的封面设计上较多（原因：少年儿童和文化程度低的读者对于具象的形象更容易理解。而科技读物和一些建筑、生活用品之类的画册封面运用具象图片，就具备了科学性、准确性和说明性）。

2）科技、政治和教育类书籍的封面设计，很难用具体的图形去表现，使读者感受其精神上的涵义。

（3）色彩　色彩是由书的内容与阅读对象的年龄、文化层次等特征所决定的。鲜丽的色彩多用于儿童的读物，沉着、和谐的色彩适用于中、老年人的读物，介于艳色和灰色之间的色彩宜用于青年人的读物。另外，书的内容对色彩也有特定的要求，如描写革命斗争史迹的书籍宜用红色调，以揭露黑暗社会的丑恶现象为内容的书籍则宜用白色、黑色，表现青春活力的最宜用红绿相间的色彩。对于读者来说，因文化素养、民族和职业的不同，对于书籍的色彩也有不同的偏好。

（4）网格（骨格）　世界上目前存在着3种典型的版面设计形式：古典版面设计、网格设计和自由版面设计。

1）古典版面设计是一种以书刊订口为轴线形成左右两页对称的版面形式。图片被嵌入版心之中，未印刷的版心四周围绕文字双页组成一个保护性的框架。

2）网格设计是当今世界上版面设计的三种主要形式之一，在书页上按照预先确定好的格子分配文字和图片的版面设计方法。产生于20世纪30年代的瑞士。

网格是运用安排均匀的水平线和垂直线组成的网状格子设计版面的方法，它将版心的高和宽分成一栏、二栏和三栏，甚至更多的栏，并由此规定一定的标准尺寸。

网格设计以理性为基础，重视比例感、秩序感、连续感、清晰感、时代感和正确性。

网格设计的优点：将秩序引入版式设计，使所有的设计因素、字体和图片之间的协调一致成为可能。它使设计者得到一个连贯紧密、结构严谨的版面设计方案。

网格设计的方法：设计者在设计前要深刻了解书籍内容，明确设计目的，预测读者的潜在反应。

网格的形式指组成网格的水平线和垂直线分割版式的方式，垂直线均规定栏目的宽度，水平线决定了栏目的高度。网格的形式主要有：正方形网格、长方形网格等。

网格模式是现代版式构成的一种特定方法，它严格按格子安排版面、讲求成块、追求对齐效果，横竖划分明确，方正切割清楚。网格版式从20世纪30年代兴起在瑞士，50年代成为版面设计形式后迅速风靡世界，成为现代版式构成的一种思路和手法。

网格模式有三要点：网格定位、注重对比、搭构组合。

四忌讳：强行出格、基线不明、等分版面、添加零碎。

3）自由版式。形成于美国，对版式进行自由设计。

4. 书籍设计原则

（1）思想性　设计思想的最佳体现就是书稿的内容。

（2）整体性　整体性原则包括两个方面：广义上指书籍装帧从书籍的性质、内容出发，将书籍的内容与形式作为一个整体设计；狭义上指从整体观念考虑每一个环节的设计，装饰性符号、页码和序号等也不例外。

（3）独特性　每本书都有其他书不同的个性。

（4）时代性及实验性　了解和把握制作书籍的工艺流程，了解高技术、新材料和新工艺。

（5）艺术性　书籍装帧设计是绘画、摄影、书法和篆刻等艺术门类的综合产物，它通过文字、图形和色彩来体现书籍设计的本体美。

（6）隐喻性　书籍装帧设计主要通过象征性图示、符号和色彩等来暗喻原著的人文气息。

（7）本土性　书籍装帧形态设计非常强调民族性和传统特色，但绝不是简单的搬弄传统，而是创造性地再现它们。

如书法的运用、汉字笔画的运用等。

（8）趣味性　趣味性指书籍形态整体结构和秩序美中表现出来的艺术气质和品格。具有趣味的作品更能吸引读者。常以轻松幽默的手法引起阅读欲望。

 技能考核评价表

考核时间	考核项目	分值	自我评价	小组评价	教师评价	企业评价
	CD盘面绘制的基本步骤	20				
	书籍装帧设计的元素	25				
40min	封面设计色彩特征	25				
	整理计算机，保持整洁	10				
	团队合作意识	20				
	合计	100				

 **项目拓展**

一、填空题

1）5英寸CD盘面的外径尺寸为_____，内圈圆孔直径为_____。3英寸CD盘面的外径尺寸为_____，内圈圆孔直径为_____。

2）科技类图书及大专教材因容量较大，文字、图表多，适合选用_____开本。中、小学生教材及通俗读物以_____开本为宜，便于携带、存放。大型画集、摄影画册，有_____开等，小型画册宜用_____开、40开等。

3）杂志封面的基本类型有_____、_____、_____和_____插图型封面四种。

二、拓展训练

1）搜集素材设计一张5英寸汽车音乐CD盘面。

2）搜集素材设计一本美食类杂志的封面。

项目12　影楼后期制作

 **项目概述**

　　现在，人们越来越注意自身形象，对数码照片的审美水平也有了提高。各式各样的写真集已不再是明星们的专利。随着这一切的转变，影楼后期也逐渐成为了热门行业。本项目通过对人物照片的基本处理，带领读者进入数字影像的设计领域。

职业能力目标

　　1）了解制作个人写真和儿童写真照片的设计处理方法和技巧。
　　2）熟练掌握个人写真和儿童写真照片的设计思路和表现手法。
　　3）通过对图像元素的处理与设计，将普通的照片制作成精美的艺术照片。

任务1　设计时尚型个人写真照片

≫ 任务情境

　　很多人都希望能够将自己年轻时最美的一面记录下来，留待日后欣赏回忆，于是个人写真设计这一概念应运而生。本次人物从尺寸上来说属于宽版型，这样可以在水平方向上拉开更大的空间，并在结构上采用多点布局的方法摆放不同造型的人物图像，用以展示人物的曼妙身姿，这也是个人写真照片中非常常见的一种表现手法。

≫ 任务分析

　　很多人都觉得写真设计一定会比一个照片修饰的实例要困难一些、复杂一些，但实情并非如此，本任务就是一个典型实例。在制作过程中，操作的重点之一就是运用蒙版技术，调整图像的色相、曲线等，使人物图像完美地融入背景图像，使整体画面和谐自然，为了丰富画面的内容，再添加一些装饰素材和特效文字，从而增加照片整体的美观性。

≫ 任务实施

1. 制作背景

　　1）新建一个"宽度"为1660像素，"高度"为790像素，"分辨率"为120像素/英寸的文件，按<Ctrl+O>组合键打开图12-1所示的素材，使用"移动工具"将图12-1拖动到新建文件中。

　　2）按<Ctrl+O>组合键打开图12-2所示的素材，使用"移动工具"将图12-1拖动到新建文件中。调整文件的位置，设置图层的"混合模式"为"颜色加深"，效果如图12-1所示。

提示：调整文件的位置，按<Ctrl+A>组合键全选，单击"移动工具"，在属性栏单击水平居中对齐、垂直居中对齐即可。

图12-1　制作主体

3）按<Ctrl+O>组合键打开图12-3所示的人物图像，使用"移动工具"将图12-3拖动到新建文件中。按<Ctrl+T>组合键调整文件的大小和位置，设置图层的"混合模式"为"明度"，"图层不透明度"为60%，并为该图层添加蒙版，调整后的效果如图12-2所示。

图12-2　添加图层蒙版调整后效果

2. 绘制装饰纹样

1）新建一个图层4，单击"椭圆选框工具"，在画布右上方位置绘制两个相等的正圆形选框，前景色设置为#42311d，按<Alt+Delete>组合键填充前景色，设置图层的"混合模式"为"正片叠底"，图层的"不透明度"为80%，得到如图12-3所示的效果。

图12-3　绘制选框

2）新建一个图层5，用同样的方法绘制3个大小不一的正圆形，设置"前景色"为#533837，按<Alt+Delete>组合键填充，在其中的一个圆形再次绘制一个正圆形选框，选择"编辑"→"描边"命令，在弹出的对话框中设置参数，如图12-4所示。设置图层的"不透明度"为70%，得到如图12-5所示的效果。

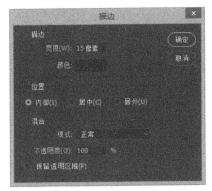

图12-4 "描边"对话框

图12-5 调整后的图形效果

3. 添加人物图像

1）按<Ctrl+O>组合键打开图12-4所示的人物图像，使用"移动工具"将素材12-4拖动到新建的文件中，得到图层6，按<Ctrl+J>组合键复制图层，得到图层6副本，设置图层6的混合模式为正片叠底，为图层6副本创建图层蒙版，设置前景色为黑色，在蒙版人物头发部位涂抹，来消除抠图留下的白色杂边，使人物图像更好地和背景融为一体，效果如图12-6所示。

图12-6 应用正片叠底后效果

2）用同样的方法将图12-5所示的素材拖动到新建的文件中，调整人物的位置和大小，并为图层7添加投影样式，在弹出的对话框中设置参数如图12-7所示，得到如图12-8所示的效果。

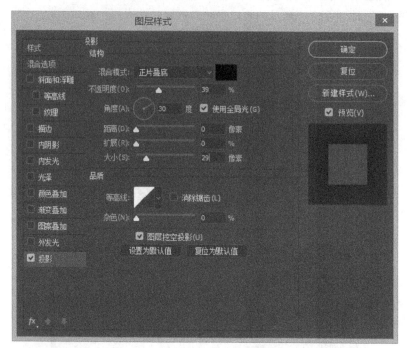

图12-7 "投影样式"对话框

图12-8 添加投影样式后的效果

4. 添加特效文字和其他素材

1）单击工具箱中的"文字工具"，设置前景色为黑色，字体为方正超粗黑，输入文字"桃花依旧笑春风"，得到文字图层，按<Ctrl+T>组合键自由变换，调整文字的大小和位置，并为该文字图层添加图层样式中的外发光效果，弹出的对话框如图12-9所示，把文字图层的"填充"设置为30%，然后输入一些点缀文字，得到如图12-10所示的效果。

2）打开图12-3所示的图像，拖动到新建的文件中，得到图层8，调整图像的大小位置以及图层的顺序，并设置图层的混合模式为变暗，不透明度为70%，效果如图12-11所示。

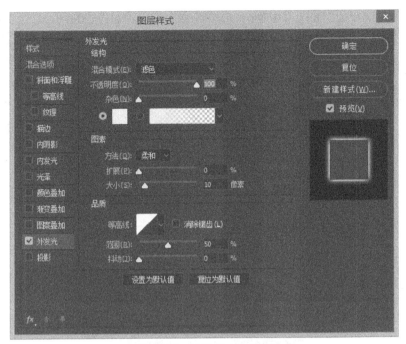

图12-9　外发光式对话框

图12-10　添加特效文字

图12-11　添加其他素材效果

5. 调整整体画面效果

单击图层控制面板下方，创建新的填充图层或调整图层，分别设置渐变映射、色相/饱和度、曲线，如图12-12～图12-14所示，得到的最终效果如图12-15所示。

图12-12 "渐变映射"对话框

图12-13 "色相/饱和度"对话框

图12-14 "曲线"对话框

图12-15 时尚型个人写真照片设计

任务2 设计卡通型儿童写真照片

≫ 任务情境

儿童永远是处于消费者核心的几个项目之一，这一点同样体现在照片写真领域中。对于儿童写真艺术设计，要在设计时注意突出可爱、纯真和稚嫩的主题，并采用一些与儿童性格特点相匹配的元素。在用色上也强调颜色的亮度及饱和度都偏高一些。

≫ 任务分析

本任务，主要是以矢量绘画功能绘制简单的图形，再配合一定的卡通素材进行整个写真设计的构图排版，所以在操作上主要利用自由变换功能调整图像的大小和位置。另外，在添加人物时，主要利用蒙版功能，将人物与卡通图形融合在一起。

≫ 任务实施

1. 制作背景

1）按<Ctrl+N>组合键新建一个"宽度"为1152像素，"高度"为822像素，"分辨率"为200像素/英寸的图像文件，按<Ctrl+O>组合键打开图12-16所示的图像，使用"移动工具"将图12-16所示的图像拖动到新建文件中。按<Ctrl+E>组合键向下合并得到的效果如图12-16所示。

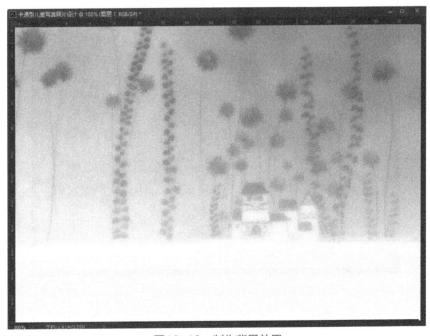

图12-16 制作背景效果

2）按<Ctrl+O>组合键打开图12-17所示的图像，使用"移动工具"将图12-17所示的图像拖动到新建文件中，并将该图层命名为"装饰纹样"，然后按<Ctrl+J>组合键分别复制4个装饰纹样，按<Ctrl+T>组合键自由变换，分别调整装饰纹样的大小及位置，效果如图12-17所示。

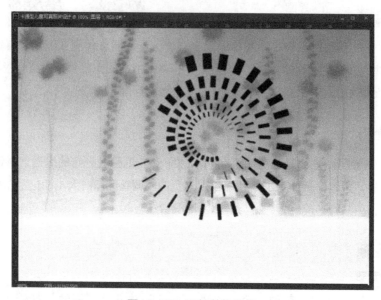

图12-17　添加装饰纹样

3）按住<Ctrl>键依次选中这4个图层，按<Ctrl+E>组合键向下合并，把4个图层合并成一个图层，设置图层"混合模式"为"叠加"，效果如图12-18所示。

图12-18　调整后的效果

4）按<Ctrl+O>组合键打开图12-18所示的图像，使用"移动工具"将素材12-18图像拖动到新建文件中，并将该图层命名为窗户纹样，按<Ctrl+T>组合键自由变换，调

整窗户的大小和位置，单击"添加图层样式"按钮，在弹出的快捷菜单中分别选择"描边"命令和"外发光"命令，设置参数，如图12-19和图12-20所示，得到的效果如图12-21所示。

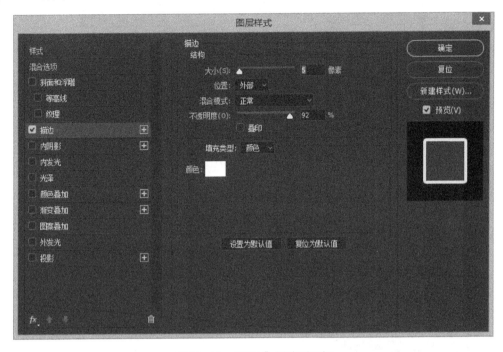

图12-19 "描边"样式对话框

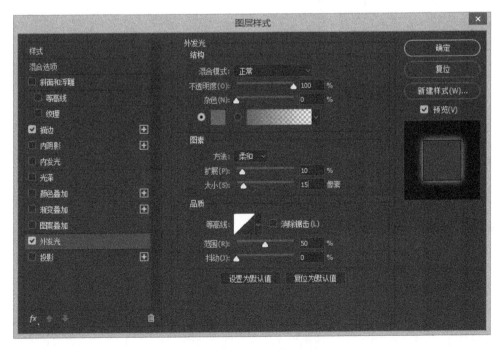

图12-20 "外发光"对话框

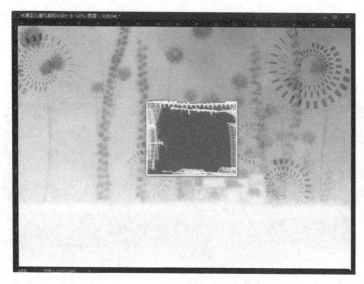

图12-21 添加图层样式后的效果

5）新建一个图层，命名为"绘制蝴蝶"，如图12-22所示。单击工具箱中的"画笔工具"，设置画笔的大小和样式，设置前景色为#a5d7f9，绘制出蝴蝶样式，按<Ctrl+J>组合键复制图层，复制出三组蝴蝶并按<Ctrl+T>组合键自由变换调整它们的大小和位置，效果如图12-23所示。

图12-22 命名绘制蝴蝶图层   图12-23 调整后的蝴蝶效果

2. 添加人物图像

1）按<Ctrl+O>组合键分别打开素材图12-4～图12-6所示的人物图像，使用"移动工具"将图12-4和图12-5所示的人物图像拖动到新建文件中，按<Ctrl+T>组合键自由变换，分别调整它们的大小和位置，如图12-24所示。

图12-24　添加人物图像

2）同时为这两个图层添加图层蒙版，单击工具箱中的"渐变工具"，设置"前景色"为黑色，"背景色"为白色，由下向上拖动，使人物图像与背景完美地融合，得到如图12-25所示的效果。

图12-25　添加图层蒙版后效果

3）使用"移动工具"将图12-6所示的人物图像拖动到新建文件中，调整它们的大小和位置，按<Ctrl+J>组合键复制该图层，选择"编辑"→"变换"→"水平翻转"命令，得到如图12-26所示的效果。

图12-26　制作对称人物效果

4）按<Ctrl+O>组合键分别打开素材图12-7和图12-8所示的装饰纹样，拖动到新建文件中，调整它们的大小和位置，新建图层并命名为"装饰边框"，按<Ctrl+A>组合键全选，选择"编辑"→"描边"命令，在弹出的对话框中设置"描边宽度"为20像素，图层的"不透明度"为30%，得到如图12-27所示的效果。

图12-27　添加文字素材

5）单击"文字工具"，输入"海洋宝贝"，字体设置为"蒙泰超纲黑字体"，颜色为
#2977bd。在文字层上单击鼠标右键栅格化文字，使用"矩形选框工具"调整文字的位置，
并为文字添加图层样式，设置投影和描边选项参数，如图12-28和图12-29所示，最后输入
"你是我的宝贝"作为装饰文字，得到的最终效果如图12-30所示。

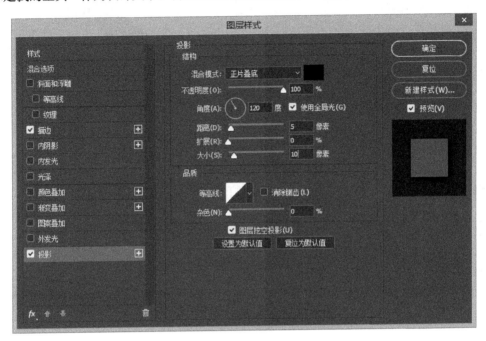

图12-28 "投影"样式对话框

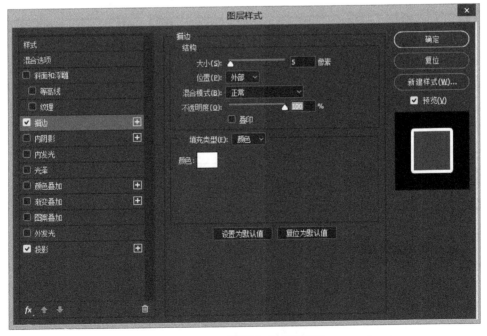

图12-29 "描边"样式对话框

图12-30　卡通型儿童写真照片设计

 ≫ 技能考核评价表

考核时间	考核项目	分值	自我评价	小组评价	教师评价	企业评价
40min	正确使用图层样式	10				
	曲线的调整	10				
	画面的组合	30				
	画面的色调搭配	20				
	整理计算机，保持整洁	10				
	团队合作意识	20				
	合计	100				

≫ 项目拓展

一、填空题

1）影楼后期处理首先要裁切合适的尺寸，需要使用_____工具。

2）影楼后期处理修图用到＿＿＿＿＿＿＿＿，局部调整某个部位等能用＿＿＿＿＿＿＿

＿＿＿＿＿＿＿工具。

3）人像拍摄经常会出现曝光的问题，或者曝光不足或者曝光过度或者对比度不

合适导致画面雾蒙蒙没有细节层次。可以利用Photoshop软件中的＿＿＿＿＿＿＿＿＿＿、

＿＿＿＿＿＿＿＿、＿＿＿＿＿＿＿＿工具，来控制画面的明暗。

二、选择题

在设定层效果（图层样式）时，（　　　）。

A．光线照射的角度是固定的

B．光线照射的角度可以任意设定

C．光线照射的角度只能是60度、120度、250度或300度

D．光线照射的角度只能是0度、90度、180度或270度

三、拓展训练

分别打开项目12素材/练习人物素材，结合本项目的设计与表现手法，制作两款不同风格

的儿童写真设计。